全国高等学校土建类专业本科教育培养目标和培养方案及主干课程教学基本要求——建筑环境与设备工程专业

高等学校土建学科教学指导委员会
建筑环境与设备工程专业指导委员会　编制

中国建筑工业出版社

图书在版编目(CIP)数据

全国高等学校土建类专业本科教育培养目标和培养方案及主干课程教学基本要求——建筑环境与设备工程专业/高等学校土建学科教学指导委员会建筑环境与设备工程专业指导委员会编制.—北京:中国建筑工业出版社,2004

ISBN 978-7-112-06161-7

Ⅰ.全… Ⅱ.高… Ⅲ.①建筑学:环境科学—专业—高等学校—教材 ②房屋建筑设备—专业—高等学校—教材 Ⅳ.TU-42

中国版本图书馆CIP数据核字(2004)第002539号

责任编辑:齐庆梅 姚荣华

责任设计:孙 梅

责任校对:黄 燕

全国高等学校土建类专业

本科教育培养目标和培养方案

及主干课程教学基本要求

——建筑环境与设备工程专业

高等学校土建学科教学指导委员会

建筑环境与设备工程专业指导委员会 编制

*

中国建筑工业出版社出版(北京西郊百万庄)

新华书店总店科技发行所发行

北京市兴顺印刷厂印刷

*

开本:787×1092毫米 1/16 印张:5¼ 字数:123千字

2004年1月第一版 2007年1月第二次印刷

印数:1501—2500册 定价:**17.00**元

ISBN 978-7-112-06161-7

(12174)

出版说明

全国高等学校土建学科教学指导委员会是建设部受教育部委托,并由建设部聘任和管理的专家机构,该机构下设建筑学、城市规划、土木工程、建筑环境与设备工程、给水排水工程、工程管理等六个学科专业指导委员会。委员会的主要职责是研究土建学科专业人才培养,制订相应专业培养目标、培养方案和主干课程教学基本要求,以指导全国高等学校规范土建类专业办学,达到专业基本标准要求。现经过专家多年的调查研究,并经部分院校的实践和总结,各专业委员会在反复讨论修改的基础上,相继完成《全国高等学校土建类专业本科教育培养目标和培养方案及主干课程教学基本要求》(共6个专业),经报建设部人事教育司,予以颁布,请各校认真研究,参照执行。

教育部自1998年颁布新的《普通高等学校本科专业目录》以来,多次提出深化高等教育教学改革,提高人才培养质量的指导性意见和具体措施,各高校(院系)根据我国经济社会发展的新形势,紧密结合建设行业发展的实际,结合本校、本院系的实际,在实践中积极探索,在改革中不断创新,总结了许多新鲜经验。因此,《全国高等学校土建类专业培养目标和培养方案及主干课程教学基本要求》,是近几年来,各高等学校深化教育改革的成果的体现,是各专业指导委员会的全体委员、各有关专家、老师们的辛勤汗水和集体智慧的结晶。

新修订的各专业培养目标、培养方案及主干课程教学基本要求,紧紧围绕培养目标,较好地处理了基础课与专业课的关系、理论教学与实践教学的关系、统一要求与体现特色的关系以及传授知识、培养能力与加强素质教育的关系等。各专业普遍加强了基础,整合了理论课程,拓宽了专业面,构筑了专业教育的知识平台,同时,较充分考虑了我国地域辽阔、各高校的办学条件及学科优势的不同,在专业课程(群)组及选修课的设置等方面给各学校办出专业特色留有较大的发展空间。在加强学生能力培养,尤其是实践能力的培养方面,各专业培养方案和主干课程教学基本要求都给予了高度重视,并作了明确要求。本次各专业培养方案及主干课程教学基本要求的修订,还兼顾到我国在勘察设计行业普遍实行执业资格制度的实际,注意了教育标准、专业评估标准与资格考试标准的相互衔接。

总之,新颁布的各专业培养目标、培养方案及主干课程教学基本要求,是各专业的专家机构在做了大量的、深入细致的、富有前瞻性的工作基础上,在人才培养模式、教学内容、课程体系的改革等方面,取得的重大进展,是各高校(院系)制定各专业实施性教学计划的重要依据。希望新的专业培养目标、培养方案及主干课程教学基本要求的颁布,对我国土建类各专业的建设和教学改革的深入发展真正起到指导、推进的作用;也希望大家在实践中不断探索和总结新的经验,以利于再次修改时,使专业培养目标、培养方案及主干课程教学基本要求更加科学和完善,更加符合行业改革和发展的实际,更加适应社会对高等专门人才的需要。

高等学校土建学科教学指导委员会

2003年11月13日

前　言

1998年教育部颁布新的专业目录，将“供热通风与空调工程”专业和“城市燃气供应”专业合并，调整为“建筑环境与设备工程”专业。为了适应专业调整与教学改革的需要，适应市场发展的需要高等学校建筑环境与设备工程专业指导委员会（以下简称专业指导委员会）在认真总结多年来教学实践的基础上，组织研究、制订了“建筑环境与设备工程专业本科（四年制）教育培养目标、培养方案及主干课程教学基本要求”这一指导性教学文件，供全国有关院校参考使用。

新制订的“建筑环境与设备工程”专业教学文件，体现了以下几点重大改革：第一，除设置体现专业学科基础的“建筑环境学”课程以外，还设置了反映专业共性的“流体输配管网”和“热质交换原理与设备”课程，为专业课的拆分和重组奠定了基础；第二，增设了“建筑设备自动化”课程，以适应时代的需要；第三，倡导综合性专业课程设计，既可提高学时利用率，又可增强学生整体设计概念。新方案的实施会有一定难度，专业指导委员会希望各有关院校认真制定专业的调整与过渡计划，在保证教学质量的前提下，完成新专业的调整。各院校应根据本地区、本学校的实际情况，确定课程设置、教学重点、选用教材以及培养方式，努力办出自己的特色。

专业指导委员会衷心希望各院校积极进行本专业教育教学改革的探索，为全国建筑环境与设备工程专业的建设提供新经验。

高等学校建筑环境与设备工程专业指导委员会

主任委员　*彦启森*

2003年10月

目　录

注　以上所列13门课程为适用于不同院校的全部主要专业必修课程，因此，对于不同院校而言，某些就是任选课程，故统称为“主要专业必修课程或任选课程”。

建筑环境与设备工程专业本科教育(四年制)培养目标和毕业生基本规格

高等学校建筑环境与设备工程专业指导委员会

2003年10月

一、培养目标

培养适应我国社会主义现代化建设的需要，德、智、体、美全面发展，基础扎实、知识面宽、素质高、能力强、有创新意识的建筑环境与设备工程专业高级技术人才。

毕业生能够从事工业与民用建筑环境控制技术领域的工作，具有暖通空调、燃气供应、建筑给排水等公共设施系统、建筑热能供应系统的设计、安装、调试、运行的能力，具有制定建筑自动化系统方案的能力，并具有初步的应用研究与开发能力。

二、业务范围

毕业生能够在设计、研究、安装、物业管理以及工业企业等单位从事技术、经营与管理工作。

三、毕业生基本规格

(一) 品德和政治思想要求

热爱社会主义祖国，拥护中国共产党的领导，具有为国家富强、民族振兴而奋斗的理想、事业心和责任感。

具有一定的人文社会科学基础，掌握马克思列宁主义、毛泽东思想、邓小平理论的基本原理；了解我国国情、民族文化特点和社会主义市场经济；了解国际发展的形势，能理论联系实际，初步树立科学的世界观和为人民服务的人生观。

具有良好的思想品德、文化修养、心理素质；具有良好的社会道德和行为习惯；具有较强的工作适应能力及协作精神。

(二) 主要知识和能力要求

1. 具有良好的人文社会科学理论知识和素养。

2. 较扎实地掌握自然科学基础理论知识：掌握高等数学、普通物理及普通化学，了解现代科学技术发展的一些主要方面和应用前景。

3. 系统地掌握本专业领域必需的基础理论，主要包括：传热学、工程热力学、流体力学、建筑环境学、电工电子学、机械原理、计算机原理等。

4. 扎实地掌握专业基础知识和基本理论，具有人工环境技术(采暖、通风、空调、照明)

和建筑公共设施(冷热源、燃气供应、给排水、建筑自动化与能源管理)的基本知识,了解有关工程与设备的主要规范与标准。

5. 具有应用各种手段查询资料、获取信息的能力;具有应用语言、文字、图形等进行工程技术表达和交流的能力;掌握一门外国语以及计算机应用的基本能力。

6. 具有进行建筑环境与设备工程的设计、组织施工、技术经济分析、测试和调试的基本能力;经过一定环节的训练,具有应用研究和开发的初步能力。

(三) 身体素质要求

了解体育和军事的基本知识,接受必要的军事训练,养成科学锻炼身体的良好习惯。讲究卫生,保持健康的体魄,达到国家规定的大学生体育锻炼标准,能承担社会主义建设和保卫祖国的光荣任务。

四、修业年限 4年

五、授予学位 工学学士

建筑环境与设备工程专业本科(四年制)培养方案

高等学校建筑环境与设备工程专业指导委员会

2003 年 10 月

一般说明

本文件是本专业指导委员会制定的“建筑环境与设备工程专业本科教育(四年制)培养目标和毕业生基本规格”的配套文件。

本文件提出的建筑环境与设备工程专业教育的基本模式和教学总体框架,反映了新调整组建的建筑环境与设备工程专业本科教学的基本要求,但同时必须强调以下两点:

(1) 以“建筑环境学”为学科基础,既体现了本学科的特点,又体现了本学科与其他学科的界限。“建筑环境学”作为本专业重要的专业基础课是学科发展的需要,也是几十年本专业发展的必然结果。

(2) 在体现学科共性的同时,充分考虑到本专业在各校的具体情况,以及学校所处的地域、传统特点等因素,在专业必选、限选和任选课程方面给予相当大的余地,可根据实际情况确定。

本专业指导委员会鼓励各院校在坚持专业教学基本要求的基础上,根据院校的实际情况,制定培养计划并组织实施,创造鲜明的院校特色。

一、培养目标

培养适应我国社会主义现代化建设需要,德、智、体、美全面发展,基础扎实、知识面宽、素质高、能力强、有创新意识的建筑环境与设备工程专业高级技术人才。

毕业生能够从事工业与民用建筑环境控制技术领域的工作,具有暖通空调、燃气供应、建筑给排水等公共设施系统、建筑热能供应系统的设计、安装、调试、运行的能力,具有制定建筑自动化系统方案的能力,并具有初步的应用研究与开发能力。

二、业务范围

毕业生能够在设计、研究、安装、物业管理以及工业企业等单位从事技术、经营与管理工作。

三、毕业生基本要求

(一) 思想道德与文化、心理素质

热爱社会主义祖国,拥护中国共产党的领导,具有为国家富强、民族振兴而奋斗的理想、事业心和责任感。

具有一定的人文社会科学基础，掌握马克思列宁主义、毛泽东思想、邓小平理论的基本原理；了解我国国情、民族文化特点和社会主义市场经济；了解国际发展的形势，能理论联系实际，初步树立科学的世界观和为人民服务的人生观。

具有良好的思想品德、文化修养、心理素质和健康的体魄，有良好的社会道德和行为习惯，具有较强的工作适应能力及协作精神。

（二）知识结构

1. 人文、社会科学基础知识

掌握马克思列宁主义、毛泽东思想、邓小平理论的基本原理；在哲学、经济学、法律等方面具有必要的知识；了解社会发展规律和21世纪的发展趋势；对文学、艺术、伦理、历史、社会学及公共关系学等的若干方面进行一定的学习。

掌握一门外国语。

2. 自然科学基础知识

掌握高等数学和本专业所必需的工程数学，掌握普通物理的基本理论和与本专业有关的化学原理及分析方法，了解信息科学、环境科学的基本知识，了解现代科学技术发展的一些主要方面和应用前景。

掌握一种计算机程序语言。

3. 专业基础知识

掌握工程力学的基本原理和分析方法。

掌握流体力学、工程热力学、传热学和建筑环境学等方面的工程科学基础知识。

掌握电工学及电子学、机械设计基础、测量与自动控制的有关基本知识。

掌握工程技术经济分析及管理方面的基本原理与方法。

4. 专业知识

系统的掌握建筑环境与设备工程专业的基本理论。

掌握室内环境与设备工程的设计方法。

掌握设备工程施工安装、调试与试验的基本方法。

了解与本专业有关的法规、规范和标准。

了解本专业领域的现状和发展趋势。

5. 相关知识

了解一般建筑构造及建筑设计基本知识。

了解金属加工工艺及操作方法。

（三）能力结构

1. 获取知识的能力

具有通过各种方式查阅文献资料，获取信息、拓展知识以及提高业务水平的能力。

2. 运用知识的能力

具有根据使用要求和实际条件，合理地进行建筑环境与设备工程的设计能力。

具有进行技术经济分析、测试和调试的基本能力。

具有进行施工组织和项目管理的能力。

具有应用计算机进行制图、程序设计的能力。

具有阅读本专业外文书刊、技术资料和听、说、写、译的初步能力。

3. 表达和管理能力

具有应用语言、文字、图形等进行工程技术表达和交流的能力。

具有社会活动和人际交往的能力。

4. 创新能力

具有应用研究和开发的初步能力。

四、课程设置

(一) 体现专业基本要求，建立反映院校特色的课程设置方案

(二) 课程设置

1. 主干学科

建筑环境与设备工程学

2. 主干课程

本专业设置12门专业主干课程

(1) 工程热力学

(2) 传热学

(3) 流体力学

(4) 建筑环境学

(5) 建筑环境测试技术

(6) 机械设计基础

(7) 电工与电子学

(8) 自动控制原理

(9) 流体输配管网

(10) 热质交换原理与设备

(11) 暖通空调(或燃气输配)

(12) 建筑设备自动化

3. 课内总学时

教学计划规定的课内总学时(即对应课程总学分要求的课内总学时)上限一般控制在2500学时；在实现课程整体优化的前提下，鼓励逐步减少课内总学时。

4. 课程结构与相对比例

课程结构分为公共基础课、技术基础课和专业课。

各类课程在课内总学时中的比例建议为：公共基础课一般不低于50%，技术基础课和专业课分别为30%和10%左右，其他10%由各校自行确定。

5. 课程性质

课程性质分为必修课和选修课(包括限定选修课和任意选修课)。课程总量中至少应有10%的课程为选修课。

(三) 建议课程

本文件建议的下列课程，目的在于指出课程内容。该内容可根据各院校的情况，单独或组合开设。

1. 公共基础课

公共基础课包括人文社会科学类课程、自然科学类课程和其他公共类课程。

(1) 人文社会科学类课程

马克思哲学原理

毛泽东思想概论

邓小平理论概论

经济学(政治经济学、工程经济学)

法律基础

思想道德修养(论理学、品德修养)

语言(外国语、大学语文或科技论文写作)

文学和艺术

历史

(2) 自然科学类课程

高等数学

大学物理

物理实验

普通化学

工程数学

(3) 其他公共类课程

体育

军事理论

计算机文化基础

计算机语言与程序设计

2. 技术基础课

在技术基础课中提出开设“建筑环境学”、“流体输配管网”和“热质交换原理与设备”三门课程,目的在于反映本专业特色和共性,与专业课程更好地衔接,减少专业课程内容的重复,为专业课程的拆分和重组奠定基础,以及为学生在校学习专业课程和毕业后在专业的各领域继续学习提供坚实的基础。

画法几何与工程制图

工程力学

工程热力学

传热学

流体力学

建筑环境学

机械设计基础

电工与电子学

建筑环境测试技术

自动控制原理

流体输配管网

热质交换原理与设备
建筑概论
能源科学导论
大气环境科学导论
生命科学导论
3. 专业课程
专业课程的教学目的，在于通过具体工程对象，使学生系统的掌握建筑环境与设备工程的专业基本理论，较深入地掌握专业技能，初步掌握工程设计的过程与方法，以适应国内对本专业人才的要求。
暖通空调
燃气输配
建筑设备自动化
空调用制冷技术
锅炉与锅炉房工艺
供热工程
暖通空调工程设计方法与系统分析
燃气燃烧与应用
城市燃气气源
燃气供应
建筑给排水
建筑电气
空气污染控制
空气洁净技术
建筑设备施工安装技术
建筑设备工程施工组织与经济
暖通空调新进展
供热新技术
燃气新技术
建筑节能新技术
暖通空调典型工程分析

五、实践教学环节

实践教学环节在现代工科教育中占有十分重要的位置，是培养学生综合运用知识解决实际问题的重要环节；建筑环境与设备工程专业属于具有执业注册的专业，其实用性很强，在整体教育改革中应关注实践教学的改革、加强工程训练的培养。

1. 实践教学环节的主要内容和学时

实践教学环节包括计算机应用、实验、实习、课程设计和毕业设计（论文）等内容。总学时一般安排在40周左右。

(1) 计算机应用

计算机上机练习，可结合课程教学和设计教学进行，总上机时间应达200学时。

(2) 实验2～5周

大学物理实验

普通化学实验

工程力学实验

电工电子学实验

流体力学实验

工程热力学实验

传热学实验

建筑环境测试实验

专业课程实验

(3) 实习9～10周

金工实习

认识实习

生产实习或运转实习

毕业实习

(4) 课程设计8～10周

机械课程设计

专业课程设计

(5) 毕业设计(论文)12～14周

2. 主要实践教学环节的基本要求

(1) 计算机应用

了解计算机基础、算法与数据结构；

掌握计算机程序设计；

掌握与专业有关的工程软件应用方法；

熟悉计算机制图。

(2) 实验

了解所学课程的实验方法、正确使用仪表设备；

训练实验动手能力，培养科学试验及创新意识；

掌握本专业一般设备试验的基本方法，初步具备检测设备性能的技能。

(3) 实习

掌握各项实习的内容以及有关操作和测试技能，能初步应用理论知识解决实际问题；

了解公用设备工程师的工作职责范围，参与部分工作。

(4) 课程设计

提倡进行综合性专业课程设计，培养整体设计的观念；

综合应用所学知识，能独立分析解决一般专业工程设计计算问题；

了解与专业有关的规范和标准；

能够利用语言、文字和图形表达设计意图和技术问题。

(5) 毕业设计(论文)

综合应用所学理论、知识与技能，分析解决工程实际问题，并通过学习与实践，深化理论、拓宽知识、增强技能；

提高工程设计或科学试验研究的能力、分析和解决问题的能力；

训练调查研究、正确运用工具书与规范标准、掌握工程设计和科学研究的程序与方法；

提高外文翻译和计算机应用能力；

树立正确的设计思想，严肃认真的科学态度，严谨的工作作风；

培养团队精神。

建筑环境与设备工程专业主干课程教学基本要求

1. 工 程 热 力 学

一、课程性质与目的

本课程是建筑环境与设备工程专业的主干专业基础课之一。它的任务是通过各种教学环节，使学生掌握工程热力学的基本理论、计算方法和实验的基本技能，为进一步学习专业课，从事专业工作和进行科学研究打下基础。

二、课程基本要求

本课程的基本要求为(带“*”的为选学内容)：

(1) 热力系统　掌握热力系统、热力平衡状态、准静态过程和可逆过程、热力循环等基本概念。

(2) 气体的性质　掌握理想气体状态方程式。着重了解影响比热的各种因素和混合气体的性质。

(3) 热力学第一定律　掌握热力学第一定律的实质。透彻了解稳定流动能量方程、膨胀功、流动功、技术功、焓等概念。

(4) 热力过程　掌握理想气体四种基本热力过程在 P-V 图及 T-S 图上的表示和分析。

(5) 热力学第二定律　掌握卡诺循环、卡诺定律及热力学第二定律的概念，掌握熵和㶲的物理意义。

(6) 热力学的一般关系式　掌握熵、内能、焓和比热的一般关系式。

(7) 水蒸气　熟练掌握水蒸气图表的结构，分析和计算水蒸气的热力过程。

(8) 气体和蒸汽的流动　掌握气体和蒸汽流动的基本理论依据和基本特性。

*(9) 动力循环　着重了解动力循环的目的及一般方法。

*(10) 制冷循环　了解供热系数、制冷系数、制冷能力、空气压缩式制冷循环、蒸气压缩式制冷循环、蒸汽喷射式和吸收式制冷循环等。

三、课程教学基本内容

(一) 热力系统

热力系统的选择和划分，热力平衡状态、准静态过程和可逆过程，热力循环的概念，基本状态参数的特征。

(二) 气体的性质

理想气体状态方程式的特点。实际气体状态方程，压缩因子图，比热的定义及换算关系，影响比热的各种因素及其混合气体的性质。

（三）热力学第一定律

热力学第一定律的实质和普遍适用性。稳定流动能量方程，膨胀功、流动功、技术功等概念及计算公式。状态参数焓在流动过程中的物理意义及热工计算中的作用。

（四）热力过程

理想气体四种基本热力过程，多变过程的分析及在 $P\text{-}V$ 图及 $T\text{-}S$ 图上分析。开口系统的概念。

（五）热力学第二定律

卡诺循环、卡诺定律及热力学第二定律的概念。热力学第二定律的实质及对生产实践的重要意义。状态参数熵和㶲的概念。热力过程在温熵图上的表示与分析。

（六）热力学的一般关系式

自由能和自由焓，麦克斯韦关系式，熵、内能、焓的一般关系式，比热的一般关系式。

（七）水蒸气

水蒸气在定压下的形成过程，水蒸气的各种术语意义及符号。水蒸气图表的结构、分析和计算水蒸气的热力过程。

（八）气体和蒸汽的流动

气体和蒸汽流动的基本理论依据和其基本特性，流速和流量的计算，绝热节流的特点。

*（九）动力循环

动力循环的目的及一般方法，热力学基本定律的应用。蒸汽动力装置朗肯循环及提高热效率的途径。再热循环和回热循环、热电循环。内燃机循环和燃气轮机循环可作为加深拓宽内容。

*（十）制冷循环

供热系数，制冷系数，制冷能力，空气压缩式制冷循环，蒸气压缩式制冷循环，蒸汽喷射式和吸收式制冷循环，制冷剂及热力性质。

四、实验内容

实验名称、内容与学时分配

序　号	实　验　名　称	实验内容	学　时
1	CO_2 气体的 $P\text{-}V\text{-}T$ 的测定		2
2	空气定压比热的测定		2

五、前修课程内容

高等数学、大学物理。

六、课程参考学时

课程总学时：56 学时，其中实验学时为 4 学时。

2. 传　热　学

一、课程性质与目的

本课程是建筑环境与设备工程专业的主干专业基础课之一。它的任务是通过各种教学环节，使学生理解和掌握有关热量传递的基本概念、基本理论和计算方法，并具备一定的理论联系实际、分析和解决工程传热问题的能力，为进一步学习专业课、从事专业工作和进行科学研究打下一定的理论基础。

二、课程基本要求

(1) 掌握温度与热流场的基本概念。

(2) 掌握三种传热方式的物理概念及其传热量的计算方法。

(3) 树立质量、动量与能量平衡的概念，能对综合热传递问题进行分析计算。

(4) 掌握运用有限差分法求解传热问题的方法，并能在计算机上求解问题。

三、课程教学基本内容

(一) 概论

传热学的研究对象及其在国民经济与人才培养中的地位与作用；

现代高新技术发展中的传热问题；

热量传递的基本方式。

(二) 导热的理论基础

导热的基本概念和基本规律；

工程材料的导热率；

导热微分方程及其单值性条件导热问题的求解方法。

(三) 稳定导热

平壁、圆筒壁、球壁的稳态导热；

肋壁的稳态导热；

多维稳定导热的形状因子解法。

(四) 非稳态导热

非稳态导热过程的特点；

一维非稳态导热问题的分析解简介；

集总参数法；

特殊多维非稳态导热的简易求解方法。

(五) 导热问题的数值解基础

有限差分法的基本原理，求解域的离散化；

节点温度差分方程的建立方法；
泰勒级数展开法、控制容积热平衡法；
节点温度差分方程的求解方法；
非稳态导热的数值解法。
（六）对流换热
对流换热概述；
牛顿冷却公式，对流换热的影响因素，对流换热的求解方法；
对流换热的数学描述——对流换热微分方程组；
边界层理论域边界层热微分方程组；
外掠平板层流换热分析解简介；
动量传递和热量传递的类比；
相似理论和相似原理指导下的实验研究方法。
（七）单相流体对流换热及实验关联式
内部流动强迫对流换热；
外部流动强迫对流换热；
自然对流换热。
（八）凝结与沸腾换热
珠状与膜状凝结；
对流、泡状与膜状沸腾；
影响凝结与沸腾换热的因素。
（九）热辐射和辐射换热
热辐射的基本概念；
热辐射的基本定律；
辐射换热的计算方法——黑表面间的辐射换，灰表面间的辐射换；
角系数；
气体辐射——特点，发射率与吸收率，气体与外壳间的辐射换热；
太阳辐射的基本概念。
（十）传热过程与换热器
复合换热；
通过肋壁的传热；
传热过程强化域削弱；
换热器的类型与构造；
平均传热温差；
换热器的设计计算方法。

四、实验内容

实验名称、内容与学时分配

序　号	实　验　名　称	实验内容	学　时
1	热电偶制作与标定		2
2	强迫对流换热		2
3	表面黑度测定或相变换热		2

五、前修课程内容

高等数学、大学物理。

六、课程参考学时

课程总学时:56 学时,其中实验学时为 4 学时。

3. 流 体 力 学

一、课程性质与目的

本课程是建筑环境与设备工程专业的一门主干专业基础课。它的任务是通过各种教学环节，使学生掌握流体力学的基本理论、水力计算方法和实验的基本技能，为学习专业课程、从事专业工作和进行科学研究打下基础。

二、课程基本要求

（1）流体的主要物理性质　掌握流体的各种力学性质。

（2）流体静力学　掌握静止流体的压强分布规律及压强的计算。

（3）流体运动的基本概念和有限体分析　掌握恒定总流的连续性方程、能量方程和动量方程，描述液体运动的方法，能量方程的水头线及压头线的绘制，动量方程转变成静力平衡方程。

（4）流体运动的微元分析　了解流体质点的运动特征以及有旋流动与无旋流动的判别。

（5）量纲分析和相似理论　掌握量纲分析法相似理论基础，模型律的选用及原型和模型流动的换算。

（6）流动阻力和能量损失　掌握层流和紊流的特征，阻力变化规律及能量损失的计算。

（7）不可压缩流体的管道流动　掌握管网计算基础，水头线及压头线的绘制。

（8）理想不可压缩流体平面无旋流动　掌握简单物体表面的流速及压强的确定，流线的绘制。

（9）边界层理论基础与绕流运动　了解边界层概念和悬浮速度。

（10）紊流射流与紊流扩散　掌握紊流射流的结构及其基本特征，紊流扩散的基本方程。

（11）一元气体动力学基础　了解一元恒定气流的基本方程，绝热管流和等温管流流量的计算方法。

三、课程教学基本内容

（一）流体的主要物理性质

流体的惯性，重力特性，黏性，压缩性等；流体的力学模型，连续介质，无黏性流体，不可压缩流体。

（二）流体静力学

流体静压强及其特性，分布规律及静压强基本方程，液体的相对平衡，流体平衡微分方程。

（三）流体运动的基本概念和有限体分析

描述液体运动的方法，流体运动的基本概念，流动的分类，系统和控制体概念，能量方程的一般形式，连续性方程，动量方程，恒定总流能量方程的物理意义及几何意义、应用等。

（四）流体运动的微元分析

连续性微分方程，运动微分方程，边界条件和初始条件，流体的速度分解，流体质点的运动分析，有旋流动与无旋流动，无旋条件。

（五）量纲分析和相似理论

量纲和谐理论，基本量纲和导出量纲，量纲分析法相似理论基础，模型试验，相似性原理，掌握模型律的选用及原型和模型流动的换算。

（六）流动阻力和能量损失

流动阻力和水头损失的形式，流体的流态，层流和紊流的特征，阻力变化规律及能量损失的计算。

（七）不可压缩流体的管道流动

简单管道公式，复杂管道，管网水力计算基础，水头线及压头线的绘制。

（八）理想不可压缩流体平面无旋流动

平面流动及其流函数，流函数存在条件、意义及其势函数的关系，几种基本的平面势流，势流叠加。

*（九）边界层理论基础与绕流运动

边界层概念，边界层微分方程，绕流运动。

（十）紊流射流与紊流扩散

紊流射流的结构及其基本特征，紊流射流主体段的运动分析，紊流射流的其他计算方法，紊流扩散的基本方程，温差或浓差射流的轴线弯曲。

（十一）一元气体动力学基础

音速，一元恒定气流的基本方程，变截面喷管中等熵流动，等截面管道中实际气体的恒定流动。

四、实验内容

本课程教学实验（选择 3 个，计 6 学时）

实验名称、内容与学时分配

序　号	实　验　名　称	实验内容	学　时
1	动量实验		2
2	管道沿程阻力系数测定实验		2
3	气体射流实验		2

五、前修课程内容

高等数学、大学物理。

六、课程参考学时

课程总学时：64 学时，其中实验学时为 6 学时。

4. 建筑环境学

一、课程性质与目的

本课程是建筑环境与设备工程专业的一门主干专业基础课。课程目的在于使学生了解和掌握:人和生产过程需要的室内物理环境;各种外部和内部的因素如何影响建筑环境;改变或控制建筑环境的基本方法及原理。同时通过本课程的学习,为今后学习各门专业课程以及研究生课程打下理论基础。

由于这是一门非常前沿的课程,因此在课程中除了采用了国内外公认的成熟的定论以外,还大量介绍了国内外最新的有关研究成果。通过本课程的学习,使学生正确掌握有关建筑物理环境的基本概念,掌握构建、分析、评价建筑环境的基本理论与方法,了解建筑物理环境学科研究的最新发展动态。

二、课程基本要求

(1) 了解建筑环境科学在人类生产、生活以及可持续发展中的地位和作用。

(2) 了解太阳与地球运动的基本规律,掌握太阳辐射与日照的基本知识与计算方法,熟悉室外气候的基本特性。

(3) 了解室内热湿环境的基本概念,掌握室内热湿过程的基本特性与计算方法。

(4) 了解人与室内热湿环境的生理学和心理学的基础知识,掌握室内热舒适环境的评价方法,熟悉室内热舒适环境的设计方法。

(5) 掌握室内空气质量的基本概念,了解室内空气污染的原因和对策,了解室内气流与换气效率的特性,熟悉室内空气环境的数值预测方法。

(6) 掌握声环境的基本概念,掌握噪声的产生、传播与控制方法,了解隔振原理与方法,熟悉建筑声环境设计和评价的基本方法。

(7) 了解光与颜色的基本概念,了解光环境与视觉的关系,了解光环境设计与评价的基本方法。

(8) 了解室内环境对典型工艺过程的影响机理,熟悉典型工业建筑室内环境的设计指标。

三、课程教学基本内容

(一) 绪论

介绍建筑的基本功能,建筑与室内外气候的关系以及人类追求满意的建筑物理环境与文明发展的关系,不同气候区域建筑类型的演变,人类对建筑环境的感性认识和逐步形成的理论以及控制技术的发展历史,现代工业高度发展导致人类面临的新问题,建筑环境科学在人类住区可持续发展中的地位和作用等;

建筑环境学研究的三个内容：人和生产过程需要的建筑室内环境，各种内外部因素对建筑环境的影响，改变或控制建筑环境的基本方法和手段。

（二）建筑外环境

地球与太阳之间的几何关系和定量描述模型，各种基本术语的物理意义；

太阳常数与太阳辐射的电磁波谱，地球表面上的太阳辐射能与各种影响因素之间的关系以及其能量的组成成分，太阳辐射作用与地球的热平衡关系、日照的作用；

自然室外气候形成特点和影响因素，由于人工的建设活动导致的城市微气候特点和影响因素，包括热岛效应、城市和小区风场、建筑物的布局与日照效果的关系；

我国两个主要的气候分区法以及不同区域的气候特点，介绍国外研究者的全球气候分区方法。

（三）建筑环境中的热湿环境

围护结构外表面所吸收的太阳辐射热、透明和半透明材料对太阳辐射的作用、室外空气综合温度、夜间辐射等基本概念；

得热的概念，通过非透明围护结构和透明围护结构的热、湿传递特征，不同材料和结构的门窗和墙体的热过程特点，围护结构不稳定传热过程和传湿过程的数学模型；

室内产热产湿和空气渗透带来的得热的特点和定量描述方法；

冷、热负荷的定义，负荷与得热的关系；

国内外负荷计算方法的发展，不同类型负荷计算方法的适用条件，着重介绍积分变换法的原理和方法；

目前国内外典型的建筑热过程与负荷模拟分析软件。

（四）人体对热湿环境的反应

人体的热平衡、人体的温度感受系统、人体的体温调节系统、热感觉、热舒适等基本概念、原理和理论体系；

热舒适方程、预测平均评价 PMV、有效温度 ET 和 ASHRAE 舒适区等，人体对稳态热环境反应的描述方法；

人体对动态热环境的反应的研究历史与发展；

人体热反应的数学模型。

（五）空气污染物与人体健康

室内空气质量概念的提出与定义的发展，各种不同污染类型的评价指标；

各种污染物类型及危害原理，以及这些污染物的物理化学特性，包括气体污染物（VOC、放射性气体、有害无机气体、臭味等）、生物污染、悬浮颗粒物、微生物、生产过程产生的有害物等；

对空气污染的控制方法概述：堵源、节流、稀释与清除；

目前各种空气污染的清除方法、原理、应用和研究进展，如过滤、光催化、活性炭吸附等。

（六）气流分布与室内空气环境

通风，稀释污染，自然通风和机械通风；

气流分布与室内空气质量的关系，气流分布的定性和定量确定方法；不同气流分布形式的室内参数分布特点等；

气流分布的评价指标：换气次数、空气年龄、通风效率等；

国内外适用于气流分布研究的CFD模型的发展和应用。

（七）建筑声环境

声学的基本概念，声音的性质，描述的物理量，声音的传播规律；

人的听觉特征、等响曲线，以及噪声的评价和标准，如A声级、NR、NC曲线等，“噪声面罩”的原理；

建筑设计中控制噪声的基本方法和原理，不同吸声材料和建筑吸声结构的性能、作用，在建筑设计上噪声源的隔离、房间的吸声减噪；

建筑设备系统中控制噪声的基本原理和方法，设备隔声、消声器种类和原理、减振和隔振。

（八）建筑光环境

光学基本原理和概念，基本光度单位及相互关系、光的传播特性；

人眼与视觉特征、人体对光环境的反应、颜色对视觉的影响、视觉功效与舒适光环境要素；

自然采光光源的能量特性和光环境特性，自然采光原理与设计简介；天然采光的数学模型；

各种人工光源的能量特性和光环境特性，适用条件；不同类型的建筑空间的照明方式和设计方法简介。

（九）工艺过程对室内环境要求

典型工艺过程和劳动者的工作特点对室内环境的要求，如棉纺织、半导体器件生产、药品和生物制剂加工、医疗过程、宇航工业等；

典型工业建筑的室内环境设计指标。

四、前修课程内容

流体力学、传热学。

五、课程参考学时

课程总学时：48学时。

5. 建筑环境测试技术

一、课程性质与目的

建筑环境测试技术课程是建筑环境与设备专业的一门主要专业基础课程，在教学中综合利用先修课程学过的有关知识与技能，讲述建筑环境与设备专业常遇到的温度、压力、湿度、流速、流量、液位、气体成分、环境噪声、照度、环境中放射性等参量的基本测量方法、测试仪表的原理及应用，为学生将来从事设计、安装、运行管理及科学研究打下坚实的基础。

二、课程基本要求

(1) 掌握测量的基本知识、测量误差分析和数据处理的方法。

(2) 掌握温度、压力、湿度、流速、流量、热量、液位、气体成分、环境噪声、照度、环境中放射性、水的含盐量及含氧量等参量的基本测量方法、测试仪表的原理及应用。

(3) 掌握智能仪表与分布式自动测量系统的原理与应用。

(4) 了解建筑环境测量仪表的构造及测量技术的新进展。

三、课程教学基本内容

(一) 测量的基本知识

测量的基本概念、测量仪表分类、计量的基本概念。

(二) 测量误差和数据处理

测量误差及测量误差的来源、误差的分类、随机误差分析、系统误差分析、系统误差的合成及测量数据的处理。

(三) 温度测量

温度测量概述、膨胀式温度计、热电偶测温、热电阻测温、非接触测温。

(四) 湿度测量

湿度测量概述、干湿球与露点湿度计、氯化锂电阻湿度传感器、金属氧化物陶瓷湿度传感器、金属氧化物膜湿度传感器、饱和盐溶液湿度校正装置。

(五) 压力测量

液柱式压力计、弹性压力计、电气式压力检测、压力检测仪表的选择与检验。

(六) 辐射测量

黑球温度、辐射量。

(七) 物位测量

物位检测的主要方法分类、静压式物位检测、浮力式物位检测、电气式物位检测、声学式物位检测、射线式物位检测。

(八) 流速及流量测量

流速测量仪表、流速测量仪表的标定、流量测量方法和分类、差压式流量测量方法及测量仪表、叶轮式流量计、电磁流量计、超声波流量计、涡街流量计、容积流量计、流量计的标定。

（九）热量测量

热阻式热流计、热水热量测量仪表、蒸汽热量测量仪表。

（十）气体成分分析

一氧化碳和二氧化碳测量仪表、二氧化硫测量仪表、氮氧化物测量仪表、氧量测量仪表、气体成分分析仪器的校准设备。

（十一）其他参数测量

环境噪声测量、照度测量、环境放射性测量、水中含盐量的测定、水中含氧量的测定。

（十二）电动显示仪表

显示仪表的构成及基本原理、模拟式显示仪表、数字式显示仪表。

（十三）智能仪表与分布式自动测量系统

智能仪表、智能仪表的结构、智能仪表的典型功能、分布式自动测量系统。

（十四）测量方案设计

通风空调系统风量测量方案设计、建筑物热工性能测量方案设计。

四、实验内容

实验名称、内容与学时分配

序　号	实　验　名　称	实验内容	学　时
1	室内环境气象参数测定		2
2	风管流速和流量的测定		2

五、前修课程内容

电工与电子学、流体力学、传热学、工程热力学。

六、课程参考学时

课程总学时：32 学时，其中实验学时为 4 学时。

6. 机械设计基础

一、课程性质与目的

本课程是建筑环境与设备工程专业的一门主要专业基础课。本课程介绍常用机构和通用机械零件的基本知识和基本设计方法，是培养学生具有初步设计简单机械传动装置能力的技术基础课。通过课程教学使学生初步具有分析和设计基本机构的能力，以及设计简单的机械及普通机械传动装置的能力。

二、课程基本要求

(1) 掌握运动副的基本原理，了解平面机构及自由度的概念以及速度瞬心在机构速度分析上的应用。

(2) 掌握铰链四杆机构的基本类型及设计方法，掌握曲柄存在条件。

(3) 掌握凸轮机构类型、应用及设计方法，掌握从动件常用运动规律。

(4) 掌握齿廓啮合基本定律；了解标准齿轮的基本尺寸、切齿原理、最少齿数、斜齿齿轮机构。

(5) 掌握轮系的类型、应用；掌握定轴轮系，周转轮系的原理。

(6) 掌握机械零件的强度；了解公差与配合，表面粗糙度，机械零件的标准化。

(7) 理解螺旋副的受力分析，效率和自锁；掌握螺纹联接强度计算，了解螺栓的材料和许用应力，螺旋传动。

(8) 掌握直齿圆柱齿轮传动的作用力及计算载荷，了解齿面接触强度计算、轮齿弯曲强度计算，齿轮的构造，齿轮传动的润滑和效率。

(9) 掌握蜗杆传动特点和类型，受力分析，强度计算。

(10) 掌握带传动受力分析，普通 V 带传动的计算。了解 V 带轮结构，链传动特点和应用，链传动运动分析和受力分析。

(11) 掌握轴的功用和类型，强度计算，刚度计算。

(12) 了解滑动轴承的结构形式，非液化摩擦滑动轴承的计算。

(13) 掌握滚动轴承的基本类型及选择计算，了解滚动轴承的润滑和密封，组合设计。

三、课程教学基本内容

(一) 平面机构的自由度和速度分析

运动副及其分类；平面机构运动简图；平面机构的自由度；速度瞬心及其在机构速度分析上的应用。

(二) 平面连杆机构

铰链四杆机构基本类型；曲柄存在条件；演化形式；四杆机构设计。

（三）凸轮机构

凸轮机构类型、应用；从动件常用运动规律；凸轮轮廓曲线的设计。

（四）齿轮机构

齿轮机构的特点和类型；齿廓啮合基本定律；渐开线齿廓；标准齿轮的基本尺寸；渐开线标准齿轮的啮合，切齿原理；根切现象，最少齿数；斜齿齿轮机构；圆锥齿轮机构。

（五）轮系

轮系的类型、应用；定轴轮系，周转轮系，混合轮系传动比计算。

（六）机械零件设计概论

机械零件的强度、耐磨性；常用材料及其选择；公差与配合，表面粗糙度；机械零件的工艺性、标准化。

（七）联接

螺纹参数；螺旋副的受力分析，效率和自锁；机械制造常用螺纹；螺纹联接的基本类型及螺纹坚固件；螺纹联接的预紧和防松；螺纹联接强度计算；螺栓的材料和许用应力；提高螺体联接强度的措施；螺旋传动；键联接和花键联接；销联接。

（八）齿轮传动

轮齿的失效形式；齿轮材料及热处理；齿轮传动的精度；直齿圆柱齿轮传动的作用力及计算载荷、齿面接触强度计算、轮齿弯曲强度计算；斜齿圆柱齿轮传动，直齿圆锥齿轮传动；齿轮的构造；齿轮传动的润滑和效率。

（九）蜗杆传动

蜗杆传动特点和类型，主要参数和几何尺寸，失效形式，材料和结构，受力分析，强度计算，效率，润滑和热平衡计算。

（十）带传动与链传动

带传动的类型和应用，受力分析；带的应力分析；带传动的弹性滑动和传动比；普通V带传动的计算，V带轮结构。链传动特点和应用；链条和链轮；链传动运动分析和受力分析，链传动主要参数及选择；滚子链传动的计算；链传动的润滑和布置。

（十一）轴

轴的功用和类型；轴的材料；轴的结构设计，强度计算，刚度计算。

（十二）滑动轴承

滑动轴承的结构形式，轴瓦及轴承衬材料；润滑剂和润滑装置；非液化摩擦滑动轴承的计算。

（十三）滚动轴承

滚动轴承的基本类型和特点，滚动轴承的代号，失效形式及选择计算；滚动轴承的润滑和密封，组合设计。

四、前修课程内容

工程力学、金工实习。

五、课程参考学时

课程总学时：48学时。

7. 电工与电子学

一、课程性质和目的

本课程是高等工业学校本科非电专业的一门主要专业基础课，它是一门适合非电类专业实践性较强的电类应用课程。学生通过本课程所规定的教学内容的学习，获得电工学和电子学最必要的基本理论、基本知识和基本技能，为学习后绪课程及从事工程技术和科研工作打下基础。

二、课程基本要求

（1）直流电路　掌握一般电路的组成和电子线路的分析方法。

（2）交流电路　掌握交流电路的概念，正弦量三要素，各种交流电路，三相电源。

（3）电路的暂态分析　掌握换路定则与电压电流初始值的确定；了解 PC 电路的瞬变过程，RL 电路的瞬变过程；时间常数；微分电路与积分电路。

（4）磁路与变压器　掌握磁路及其基本定理；了解交流铁心线圈电路，变压器的工作原理，特殊变压器。

（5）电机与电接触器控制系统　掌握三相异步机的转动原理，了解三相异步机的启动调速制动，鼠笼式电动机启动控制，鼠笼机正反转控制、行程控制、时间控制。

（6）安全用电与电工测量　掌握发电输电及工业企业配电原理，掌握接地和接零；电工测量仪表的分类、形式。

（7）二极管三极管和整流电路　掌握 PN 结的单向导电性，二极管、三极管的特性曲线和主要参数。了解稳压管、基本整流电路、串联型稳压电源的基本组成及原理。

（8）交流放大电路　掌握图解法确定静态工作点；掌握静态工作点的计算以及电压放大倍数、输入和输出电阻的计算。

（9）集成运算放大器　掌握集成运算放大器的特点；了解电路的主要参数，了解运算放大器在信号处理方面的应用。

*（10）数字电路　了解门电路的逻辑功能真值表；TTL“与非”门电路，组合逻辑电路的分析和综合；加法器；R-S 触电器；单稳态触发器；寄存器。

三、课程教学基本内容

（一）直流电路

电路的组成；电路的基本热物理量及其正方向；电路的工作状态；克布荷夫定律；支路电流法；叠加原理；电压源、电流源及等效变换；戴维南定理；诺顿定理。

（二）交流电路

交流电路的概念，正弦量的三要素；正弦量的有效值；正弦量的相量表示法；电阻元件交流电路，电感元件交流电路，电容元件交流电路；R. L. C 串联交流电路；并联交流电路；阻抗串并联；串联谐振；并联谐振；功率因数的提高；交流电路的功率；三相电源；三相负载的联接；对称三相电路的计算；不对称三相负载的概念；三相功率。

（三）电路的暂态分析

换路定则与电压电流初始值的确定；PC 电路的瞬变过程；RL 电路的瞬变过程；时间常数；微分电路与积分电路。

（四）磁路与变压器

磁路的基本物理量；磁性材料；磁路及其基本定理；交流铁心线圈电路；变压器的工作原理；变压气的外特性和额定值；特殊变压器；电磁铁。

（五）电机与电接触器控制系统

三相异步机的转动原理；转矩与机械特性；三相异步机的启动调速制动；三相异步机的铭牌数据和选择；单相异步机。直流电机的构造、基本工作原理；直流发电机；并励电动机的机械特性；并励电动机的启动反转和调速；常用低电压器的结构、功能；鼠笼式电动机启动控制；鼠笼机正反转控制、行程控制、时间控制；鼠笼机速度控制；应用举例。

（六）安全用电与电工测量

发电输电概述；工业企业配电；接地和接零；电工测量仪表的分类、形式；电流电压的测量；万用表；功率的测量；兆欧计。

重点：接地和接零；万用表；功率的测量；兆欧计。

（七）二极管三极管和整流电路

PN 结的单向导电性；二极管、三极管的特性曲线和主要参数；稳压管；基本整流电路；串联型稳压电源的基本组成、原理。

（八）交流放大电路

图解法；小信号模型分析法；静态工作点的计算；电压放大倍数、输入、输出电阻的计算；阻容耦合放大器的频率特性；负反馈；射极输出器；功率放大器；直接耦合放大电路，零点漂移的克服；差动放大电路工作情况；典型差动放大电路；共模差的概念及输入输出方式。

（九）集成运算放大器

集成运算放大器的特点；电路的简单说明；主要参数；理想运算放大器；运算放大器在信号运算方面的应用；运算放大器在信号处理方面的应用；使用运算放大器注意的几个问题；运算放大器在信号测量方面的应用。

*（十）数字电路

门电路的逻辑功能真值表；TTL“与非”门电路，组合逻辑电路的分析和综合；加法器；编码器；译码器和数字显示；R-S 触电器；J-K 触发器；单稳态触发器；多谐振荡器；寄存器；计数器；D/A 变换和 A/D 变换。

四、实验内容

实验名称、内容与学时分配

序　号	实 验 名 称	实 验 内 容	学　时
1	三相交流电路		2
2	整流滤波和稳压路		2

五、前修课程内容

高等数学、大学物理。

六、课程参考学时

课程总学时:80 学时,其中实验学时为 4 学时。

8. 自动控制原理

一、课程性质与目的

本课程是高等工业学校本科非电专业的一门主要专业基础课，是一门适合非电类专业实践性较强的电类应用课程。通过本教学内容的学习，使学生掌握和了解自动控制的基本原理和理论知识，能对本专业的控制问题提出控制方案，确定控制参数，配合控制工程师设计自动控制系统。

二、课程基本要求

(1) 掌握自动控制系统的组成，各环节的特性及其综合特性。

(2) 了解影响自动控制系统响应特性的因素。

(3) 掌握自动控制仪表的结构、工作原理和作用。

(4) 熟悉常用自动控制系统及其控制规律。

(5)了解微型计算机控制系统的一般概念与典型应用方式。

三、课程教学基本内容

(一) 自动控制系统的组成和基本概念

人工控制与自动控制的关系，自动控制系统的组成；

自动控制系统的分类；

自动控制系统的过渡响应：静态和动态，过渡响应，品质指标。

(二) 自动控制系统及其环节的数学模型和特性

自动控制系统各环节的传递和特性：静态特性、动态特性，传递函数和典型环节的传递函数；

自动控制系统的过渡响应及其数学描述；

传感器和变送器的特性，P、PI 和 PID 控制器特性。

(三) 自动控制系统各环节的综合与特性分析

框图和传递函数，框图的结合运算，框图的等效变换；

系统的传递函数和过渡响应；

影响过渡响应的因素分析：对象特性(滞后、时间常数、放大系数)，控制器参数(比例带、微分时间常数、积分时间常数)。

(四) 自动控制仪表

自动控制仪表的分类；

电气式控制器结构和原理；

电子式控制器；

执行器：电磁阀，电动调节阀、电压调节装置、气动执行器、电一气转换装置；
调节阀的选择与计算。

（五）自动控制系统

单回路控制系统：被控变量、操作量和控制规律的选择；
多回路控制系统：串级控制系统，前馈一反馈控制系统。

（六）微型计算机控制系统

微型计算机控制系统的一般概念；
数据采集和数据处理；
直接数字控制系统，监督控制系统和分布式控制系统；
计算机控制算式；
计算机优化控制。

四、前修课程内容

高等数学、工程数学、电工与电子学。

五、课程参考学时

课程总学时：48学时。

9. 流体输配管网

一、课程性质与目的

本课程是建筑环境与设备工程专业的一门主干专业基础课。该课程是将“空调工程”、“燃气输配”、“供热工程”、“通风工程”、“建筑给排水”、“锅炉及锅炉房设备”、“建筑消防工程”、“工厂动力工程”等课程中的管网系统原理抽出，经提炼后与“流体力学泵与风机”中的泵与风机部分进行整合、充实而成的一门课程。通过各种教学环节，使学生掌握本专业及相关专业的各类工程中的流体输配管网原理。通过实践教学环节的配合，掌握进行管网系统设计分析、调试和调节的基本理论和方法，并形成初步的工程实践能力。能够正确应用设计手册和参考资料进行上述管网系统的设计、调试和调节，并为从事其他大型、复杂管网工程的设计和运行管理奠定初步基础。

二、课程基本要求

(1) 理解管网系统原理在本专业中的位置和重要性。

(2) 了解各类工程中管网系统的作用以及管网系统与前述工程的其他组成部分之间的相互关系。

(3) 了解管网系统的基本构成、各构成的作用、各构成之间的相互关系。

(4) 掌握分支、节点和回路的概念；熟悉各种管流的水力特性；熟悉主要管件和管网装置性能。

(5) 熟悉不同类型管网系统的水力特征；掌握其水力计算和水力工况分析的基本理论和基本方法。

(6) 掌握泵与风机的理论基础，掌握泵与风机的样本性能曲线和在管网系统中的工作性能曲线以及二者之间的联系与区别，掌握泵与风机的选择方法和工作性能调整方法，掌握泵与风机联合运行工况的分析方法。

(7) 理解管网系统的特征方程组，初步掌握管网系统水力工况的计算机分析方法和调控技术。

三、课程教学基本内容

(一) 流体输配管网形式与装置

流体输配管网的性质、任务、基本要求及在本专业中的重要性；

管网系统在工程应用中的作用，与工程系统其他组成部分之间的相互关系；

气体输配管网形式与装置：通风空调的风管系统，燃气输配管网系统，气体灭火管网系统，气体输配管网形式与装置；

液体输配管网形式与装置：热水采暖系统与空调冷冻水系统，建筑给水系统与空调冷却水系统；

相变流或多相流管网形式与装置：蒸汽管网系统，建筑排水系统，灭火管网系统，气力输送管网系统；

管网系统形式分类：枝状管网、环状管网；

管网系统的力附属装置。

（二）气体输配管网水力特征与水力计算

重力、压力、重力和压力综合作用下的气体管流水力特征；

流体输配管网水力计算的基本原理和方法，气体输配管网水力计算；

开式枝状气体管网水力计算，流速、断面、阻力；

系统总阻力与管网特性曲线；

均匀送风管道设计；

中、低压燃气管网水力计算。

（三）液体输配管网水力特征与水力计算

闭式液体管网水力特征与水力计算；

重力循环液体管网的工作原理及其作用压力、水力特征；

机械循环液体管网的工作原理；

重力循环双管热水供暖系统；

机械循环室内水系统管路的水力计算方法；

室外热力供热管网的水力计算方法；

开式液体管网水力特征与水力计算；

建筑给水管网水力计算方法，流量、管径、水头损失、算例。

（四）多相流管网水力特征与水力计算

液—气两相流管网水力特征与水力计算；

水封、横管、主管内水流状态与计算；

建筑排水管与空调凝结水管。

汽—液两相流管网水力特征与水力计算；

室内高、低压蒸汽供暖系统管路水力计算原则和方法；

室外蒸汽管网的水力计算，凝结水管网的水力计算，算例；

气—固两相流管网水力特征与水力计算，流态、阻力特征、主要参数、水力计算特点、算例。

（五）泵与风机理论基础

离心式泵与风机的基本结构、叶轮、壳；

离心式泵与风机的工作原理及性能参数；

离心式泵与风机的基本方程——欧拉方程；速度三角形、泵与风机的损失与效率，叶型及其对性能的影响；

理论的流量—压头曲线和流量—功率曲线，泵与风机的实际性能曲线，泵与风机性能试验标准；

泵与风机相似率与比转数，相似条件，泵与风机相似率的应用，无因次性能曲线；

其他常用泵与风机，轴流式风机、贯流式风机、混流式风机、真空泵与空压机、往复泵、深井泵与潜水泵、旋涡泵。

（六）管网系统水力工况分析

管网系统水力特性曲线，水力特性曲线的主要影响因素；

管网系统压力分布规律，管流能量方程及压头表达式，压力分布图及绘制方法，分析方法、设计中的作用，定压、调压原理和方法；

吸入式管网的压力分布特性分析，汽化；

调节阀、调节阀的节流原理，流量特性，流通能力；

水力失调，水力稳定性，水力可靠性；管网系统水力工况分析与调整。

（七）泵、风机与管网系统的匹配

管网系统中泵与风机的运行曲线与工作状态点，管网系统对泵、风机运行曲线的影响；

系统效应及其确定、系统效应曲线及其应用；

泵与风机的联合运行：并联运行、串联运行；

泵或风机的工况调节：调节管网性能、调节泵、风机性能；

泵或风机的选用，常用的泵、风机性能及使用范围，泵、风机的选用原则与选用方法；

泵与风机的安装位置、气蚀、安装高度及其他，泵、风机与管网的连接。

（八）流体输配管网的计算机分析

网络的有关基本概念和分析方法，网路图及其矩阵表示，基础参数、沿线流量，节点流量，节点，分支，图和有向图，关联、链、回路、通路、树等基本概念；

流体输配管网系统特性方程组，关联矩阵、回路矩阵、节点流量平衡方程、回路压力，平衡方程，泵与风机性能曲线方程及转速变换；流量分配规律；

流体输配管网系统水流工况的计算机分析的计算方程组建立，计算机分析步骤；

流体输配管网系统的调节概要，调节点的位置和数量，稳定性及其判别式。

四、实验内容（选作 2～4 个）

(1) 管道中的压力、流速、流量的测定。

(2) 管网性能曲线的测定。

(3) 泵与风机样本性能曲线与在管网系统中的工作性能曲线的对比测定。

(4) 管网压力分布图。

(5) 管网性能调节。

五、前修课程内容

流体力学。

六、课程参考学时

课程总学时：48 学时，其中实验学时为 4 学时。

10. 热质交换原理与设备

一、课程性质与目的

本课程是建筑环境与设备工程专业的一门主干专业基础课。该课程是将原专业中“供暖工程”、“区域供热”、“工业通风”、“空气调节”、“空调用制冷技术”、“锅炉及锅炉房设备”、“燃气燃烧”等课程中牵涉到流体热质交换原理及相应设备的内容抽出，经综合、整理、充实、加工而形成的一门课程，它是以动量传输、热量传输及质量传输共同构成的传输理论（Transport Theory）为基础，重点研究发生在建筑环境与设备中的热质交换原理及相应的设备热工计算方法，为进一步学习创造良好的建筑室内环境打下基础。

本课程的任务为：在学完“传热学”等课程的基础上，通过本课程的系统学习，使学生掌握在传热传质同时进行时发生在建筑环境与设备中的热质交换的基本理论，掌握对空气进行各种处理的基本方法及相应的设备热工计算方法，并具有对其进行性能评价和优化设计的初步能力，为进一步学习创造良好的建筑室内环境打下基础。

二、课程基本要求

（1）掌握三种传递现象的类比关系，了解本课程在专业中的地位与重要性。

（2）在掌握传热学知识的基础上，进一步掌握传质学的相关理论，掌握动量、能量及质量传递间的类比方法。

（3）熟悉在相变换热情况下，以制冷剂为主的热质交换的物理机理和沸腾与凝结的影响因素。

（4）熟悉对空气进行处理的各种方案，掌握空气与水表面间热质交换的基本理论和基本方法，熟悉用固体吸附和液体吸收对空气处理的机理与方法。

（5）了解房间送风时各种射流形式及与室内空气发生的三传现象，初步掌握几种典型燃烧方式的热质交换原理。

（6）了解本专业常用热质交换设备的形式与结构，掌握其热工计算方法，并具有对其进行性能评价和优化设计的初步能力。

三、课程教学基本内容

（一）绪论

三种传递现象的类比，热质交换设备的分类；

本门课程在专业中的地位与作用及本门课程的主要研究内容。

（二）热质交换过程

1. 传质的基本概念

传质的基本方式，扩散传质的物理机理，对流传质的物理机理，传质常见的几种形式；

浓度（质量浓度、摩尔浓度等）、扩散通量（质扩散通量、摩尔扩散通量、相对扩散通量及净扩散通量）的概念。

2. 扩散传质

互扩散的概念、斐克定律的不同表达式、混合物整体静止及宏观运动时的斐克定律，斯蒂芬定律及扩散系数等。

3. 对流传质

浓度边界层及其对对流传质的重要影响及其基本特点；

对流传质简化模型，对流传质系数及其模型理论（薄膜理论、渗透理论）；

对流传质系数的准则数（Re、Sc、Le、Sh、St）。

4. 热质传递模型

三传方程及传质相关准则数；

动量交换与热交换的类比在质交换中的应用；

对流质交换的准则关联式。

5. 动量、热量和质量传递类比

同时进行传热与传质的过程和薄膜理论；

同一表面上传质过程对传热过程的影响，刘伊斯关系式；

湿球温度的理论基础。

（三）相变热质交换原理

1. 沸腾换热

沸腾换热现象及分析，沸腾换热计算式和影响沸腾换热的因素。

2. 凝结换热

凝结换热现象及分析，膜状凝结分析解及实验关联式，制冷剂的冷凝放热。

3. 固液相变换热

一维凝固和融解问题及其分析方法；

多维相变传热问题；

考虑固液密度差的简单区域中的相变传热。

（四）空气热质处理方法

1. 空气热质处理的途径

空气热质处理的各种方案和空气热质处理方法及设备。

2. 空气与水/固体表面之间的热质交换

湿空气在冷表面上的冷却降湿和湿空气在肋片上的冷却降湿过程。

3. 吸收、吸附法处理空气的基本知识

吸收、吸附和干燥剂，干燥循环和吸收、吸附法处理空气的优点。

4. 吸附材料处理空气的机理和方法

吸附现象简介；

吸附剂的类型和性能；

吸附剂处理空气的原理，吸附时的传质及其主要影响因素；

静态吸附除湿和动态吸附除湿；

吸附除湿空调系统的简介。

（五）其他形式的热质交换

1. 空气射流的热质交换

空气射流的种类及其热质交换原理和风口形式与送风参数的介绍。

2. 燃料燃烧时的热质交换

燃料与燃烧过程，气体燃料的燃烧方法，固体燃料的燃烧方法和液体燃料的燃烧方式。

（六）热质交换设备

1. 热质交换设备的形式与结构

间壁式换热器，混合式换热器，典型的燃烧装置与器具。

2. 间壁式热质交换设备的热工计算

表面式冷却器的热工计算；

其他间壁式热质交换设备的热工计算。

3. 混合式热质交换设备的热工计算

喷淋室处理空气时发生的热质交换的特点；

影响喷淋室处理空气效果的主要因素；

喷淋室的设计计算和校核计算；

其他混合式热质交换设备的热工计算。

4. 典型燃烧装置主要尺寸和运行参数的计算

扩散式燃烧器主要尺寸和运行参数的计算；

大气式燃烧器主要尺寸及运行参数的计算；

完全预混燃烧器主要尺寸及运行参数的计算。

5. 相变热质交换设备

冷凝器、蒸发器和空调冰蓄冷系统。

6. 热质交换设备的优化设计及性能评价

热质交换设备的优化设计与分析、性能评价。

四、实验内容(选择 2 个)

(1) 淋水室性能实验。

(2) 表冷器性能实验。

(3) 加热器性能实验。

(4) 散热器性能实验。

(5) 燃气灶具性能实验。

五、前修课程内容

流体力学、工程热力学、传热学。

六、课程参考学时

课程总学时：32 学时，其中实验学时为 4 学时。

11. 暖　通　空　调

一、课程性质与目的

本课程是建筑环境与设备工程专业的一门主干专业课程。该课程主要阐述创造建筑热、湿、空气品质环境的技术，即采暖、通风与空气调节技术，涵盖了所培养的毕业生将来从事专业工作所需的主要专业知识。

二、课程基本要求

(1) 掌握建筑冷热负荷和湿负荷的计算。
(2) 掌握各种采暖、通风与空调系统的组成、功能、特点和调节方法。
(3) 掌握系统中主要设备、构件的构造、工作原理、特性和选用方法。
(4) 了解建筑节能、暖通空调自动控制、暖通空调领域的新进展和新技术。

三、课程教学基本内容

(一) 绪论

采暖通风与空气调节的定义，典型系统的工作原理，暖通空调系统的分类，暖通空调技术发展状况。

(二) 热负荷、冷负荷与湿负荷计算

室内外空气计算参数选择；
热负荷计算，冷负荷计算，湿负荷；
新风负荷，室内负荷与冷机负荷。

(三) 全水系统

全水系统的末端设备；
热水采暖系统的分类与特点；
高层建筑的热水采暖系统；
分户热计量采暖系统；
热水采暖系统的设计要点；
热水采暖系统失调与调节；
风机盘管系统。

(四) 蒸汽系统

蒸汽采暖系统的分类与特点；
蒸汽用于通风空调系统(空气加热、制备热水、溴化锂吸收式制冷的应用、蒸汽加湿)；
蒸汽采暖系统中的设备。

(五) 辐射采暖与辐射供冷

辐射采暖与辐射供冷的定义；

辐射板；

辐射采暖系统的特点与设计要点，电热膜辐射采暖；

辐射供冷。

（六）全空气系统与空气-水系统

全空气系统与空气-水系统的分类；

全空气系统的送风量、送风参数、新风量；

定风量单风道空调系统的组成、夏季与冬季工况分析、运行调节；

定风量双风道系统基本概念；

变风量系统的特点、工况分析；

空气-水风机盘管系统中的新风系统；

诱导器系统的种类与特点；

空调系统的自动控制基本概念。

（七）制冷剂空调系统

制冷剂空调系统的特点；

空调机组的分类，常用空调机组简介（分类、特点、选用方法等）；

VRV 系统；

水环热泵空调系统；

制冷剂空调系统的适用范围。

（八）工业与民用建筑的通风

工业与民用建筑的污染源，空气品质评价方法；

稀释方程，必需的通风量；

全面通风系统，局部通风与事故通风；

排风罩的种类及选用方法，空气幕；

自然通风基本原理，热车间自然通风设计要点；

通风房间的空气平衡与热平衡；

改善室内空气品质的综合措施。

（九）悬浮颗粒与有害气体净化

除尘系统；

悬浮颗粒分离机理和设备分类；

除尘器和空气过滤器的技术性能指标；

空气过滤器、各种除尘器（袋式、重力式、惯性式、旋风式、湿式、电式）的工作原理及特点；

有害气体的吸收设备和吸附设备。

（十）室内气流分布

室内气流分布的要求与评价；

送风口和回风口结构特点；

典型气流分布模式；

室内气流分布的设计计算。

（十一）民用建筑火灾烟气的控制

烟气的特性与烟气控制的必要性；

烟气的流动规律与控制原则；

自然排烟，机械排烟，加压防烟设计原则；

加压防烟中墙体渗漏、超压、热压影响的分析。

（十二）特殊环境的控制技术

洁净室与生物洁净室的等级与尘源；

洁净室的气流分布、换气次数和空调系统；

生物洁净室；

恒温恒湿空调的特点；

除湿系统与设备。

（十三）冷热源、管路系统及消声减振

冷热源的种类与组合方式；

采暖系统与热源或室外管网的连接；

空调水系统形式、分区及典型图式；

水系统的定压与设备，循环水泵，管道热应力与补偿，管道与设备的保温，管道附件；

暖通空调水质管理概述；

空调通风系统的消声，隔振与设备房的噪声控制。

（十四）建筑节能

建筑节能的重要性；

建筑节能的综合性措施，太阳能应用，蒸发冷却技术，建筑中的热回收等。

四、实验内容（选择 3 个）

(1) 热水采暖系统实验。

(2) 空调系统运行工况实验。

(3) 除尘器的除尘效率或过滤器的过滤效率实验。

(4) 排风罩性能实验。

(5) 气流分布实验。

五、前修课程内容

建筑环境学、流体输配管网、传热学、热质交换原理与设备。

六、课程参考学时

课程总学时：80 学时，其中实验学时为 6 学时。

12. 燃 气 输 配

一、课程性质与目的

本课程是建筑环境与设备工程专业城市燃气工程方向的主干专业课程。通过课堂教学等环节，使学生系统掌握燃气输配系统的构成和基本理论、城市燃气管网水力计算与工况分析，了解各种常用设备的工作原理及设备选择依据，培养学生能够进行城市燃气管网规划设计、燃气输配系统的设计、以及燃气输配工程施工、管理的能力。

二、教学基本要求

(1) 掌握用户及用气量的计算。

(2) 了解燃气使用规律，掌握供需平衡方法。

(3) 了解城市燃气供应系统。

(4) 掌握燃气流动的基本方程与燃气管网水力计算，会进行燃气管网设计与计算。

(5) 掌握确定管网压力降的方法，以及分析管网的水力工况与水力可靠性。

(6) 了解燃气管网技术经济计算的任务和比较方法，掌握枝状燃气管网技术经济计算。

(7) 掌握调压器的工作原理和选型计算，掌握调压站的工艺和设计原则。

(8) 掌握压缩机的工作原理，了解活塞式和罗茨式等压缩机的特点，了解压缩机室的工艺要求。

(9) 了解储气罐的工作原理和特点，了解低温储气方法。

三、课程教学基本内容

(一) 绪论

城镇燃气化的必要性；

国内外燃气发展概况。

(二) 城市燃气需用量及供需平衡

城市燃气需用量：供气对象与供气原则，城市燃气需用量计算；

燃气需用工况：月、日、小时用气工况；

燃气的小时计算流量：城市燃气管道的计算流量，室内和庭院燃气管道的计算流量；

燃气输配系统的供需平衡：供需平衡方法，储气容积的计算。

(三) 燃气的长距离输送系统

长距离输送系统的构成；

输气干线及路线选择。

(四) 城市燃气管网系统

城市燃气管网的分类及其选择；
城市燃气管道的布线；
工业企业燃气管网系统；
建筑燃气供应系统。

（五）燃气管道及其附属设备

燃气管道管材及其连接方法；
燃气管道的附属设备；
燃气管道的防腐方法。

（六）燃气管道的水力计算

管道内燃气流动的基本方程式；
燃气管道水力计算基本公式及图表；
燃气分配管网的计算流量；
燃气管网的计算：枝状、环状管网的水力计算，室内燃气管道计算。

（七）燃气管网的水力工况

管网计算压力降的确定；
低压管网的水力工况；
高、中压管网的水力可靠性；
低压环网的水力可靠性。

（八）燃气管网的技术经济计算

技术经济计算的任务和比较方法；
燃气调压室的最佳作用半径；
枝状燃气管道的技术经济计算。

（九）燃气压力调节与计量

燃气压力调节过程；
调压器的调节机构与传动装置；
调压器；
燃气调压站；
燃气的计量。

（十）燃气的压送

活塞式、回转式和离心式压缩机的工作原理和特点；
压缩机排气温度及功率计算；
压缩机变工况运行与流量调节；
压缩机室。

（十一）燃气的储存

低压储气罐，高压储气罐，燃气储配站；
长输管线及高压管道储气能力的计算；
低温储存。

四、实验内容

(1) 燃气流量计的校正。
(2) 调压器的特性。

五、前修课程内容

传热学、工程热力学、流体力学。

六、课程参考学时

课程总学时:64 学时,其中实验学时为 4 学时。

13. 建筑设备自动化

一、课程性质与目的

本课程是建筑环境与设备工程专业的一门主干专业课程。通过本课程教学,使学生掌握:有关建筑自动化的基本内容,建筑自动化系统测控设备的使用,自动控制系统基本理论,相关的计算机网络技术。同时对建筑自动化系统能有一个全面的了解,为进一步进行实际系统的设计和实施奠定一定的基础。

二、课程基本要求

(1) 通过对 BAS 系统基本内容由浅及深的介绍,配合与本专业领域密切相关的实际系统范例,力求使本教材的使用者学习后能够建立一个全面的总体认识,掌握 BA 系统的组成和构建过程,特别是其中的一些设计和实现方法。

(2) 方法论是本教材所要传递的主要信息,用 SIMLINK 为工具用模拟调节过程代替公式推导,使读者掌握概念。

(3) 设计的几个课程实验,目的在于帮助学生建立 HVAC 系统控制的感性认识。

(4) 介绍几个典型工程实例,以帮助学生建立 BAS 系统的全面概念并增强对实际应用的了解。

三、课程教学基本内容

(一) 绪论

1. 建筑自动化系统(BAS)的定义

2. 建筑自动化系统(BAS)的内容

3. 国内外发展状况及趋势

(二) 简单控制系统

1. on/off 控制的恒温水箱

控制系统的基本概念,控制系统模拟分析方法和实验方法。

2. 控制系统的传感器

传感器、传输回路、接收回路的特点,控制系统的测量与热工仪表测量的区别。

3. 控制系统的执行器

各种执行器的基本原理、对调节过程的影响和选用方法。

4. 恒温恒湿空调机组的控制器

简单控制系统的硬件逻辑和软件原理,通过模拟仿真实现。

(三) 调节过程和稳定性

1. 调节原理的基本知识,PID 控制特性、参数整定方法和自学习方法;

2. 线性控制理论初步(传递函数、特征值、拉氏变换、Z变换、稳定性判据等)。

(四) 空气处理过程的控制

1. 全空气空调系统的控制策略,串级控制系统

2. 送风参数的在线确定

3. 空气处理过程的分区

由送风参数决定的分区方法(李吉生方法)。

4. 空气处理过程的节能控制

5. 变风量系统控制

(五) 冷冻站和空调水系统

1. 冷冻机的控制、保护和冷量调节

2. 冷冻水系统形式和相应的调节策略

3. 水系统的变频控制

(六) 供热系统控制和管理

1. 供热系统控制和管理的主要任务

2. 供热系统的控制系统结构

3. 均匀性调节方法

4. 热计量体制下的调节方法

5. 供热系统管理和故障诊断

(七) 网络结构和通讯协议

1. 概述

2. 网络拓扑结构

3. 媒介与设备

4. 综合布线技术

5. 通讯协议

LONGWORK,CAN,FF,BACnet,PROFIBUS。

6. 家庭网络

(八) 建筑自动化系统

1. 概述

2. 建筑设备自控系统

能源管理,电力监控,照明、电梯、给排水、空调等系统监控。

3. 保安管理系统

保安探测传感器、串行巡检与编码、视频探测与晕台、区域控制器、门禁系统。

4. 火灾报警系统

烟感、火焰探测、防火阀与自动喷淋、报警策略。

5. 卫星及有线电视系统

6. 办公自动化系统

7. 建筑物集成管理系统

(九) 测试验收与管理

1. 相关标准

2. 控制器测试

3. 网络的测试

4. 管理系统的测试

5. BA系统管理

6. 故障诊断

(十) 工程实例(介绍与参观)

1. 某冷水机组控制器

2. 某变风量系统

3. 某大型商厦空调水系统

4. 某大型商厦BA系统

5. 某智能小区的BA系统

四、实验内容

(1) on/off控制恒温水箱。

(2) on/off控制恒温水箱的仿真。

(3) 恒温恒湿机组的控制仿真。

(4) PID调节的过程和参数整定方法仿真实验。

(5) PID参数自学习整定的仿真实验。

(6) 空气处理室控制器的仿真实验。

五、前修课程内容

工程数学、暖通空调。

六、课程参考学时

课程课内学时:48学时,课外实验参观学时为20学时。

主要专业必修课程或任选课程教学基本要求

1. 供　热　工　程

一、课程性质与目的

"供热工程"是建筑环境与设备工程专业的一门主要专业课程。通过本课程教学使学生具备必需的供热工程的基本知识和基本技能，培养学生在供热工程的规划设计及运行管理等方面的能力和从事供热工程施工、管理的基本技能，以及能运用所学基本知识解决实际工程问题的能力。

二、课程基本要求

(1) 掌握热水或蒸汽作为热媒的室外供热系统的基本原理和基本知识。
(2) 具有一般民用和工业建筑集中供热系统的设计能力。
(3) 掌握集中供热系统施工及运行管理的基本知识。

三、课程教学基本内容

(一) 绪论
1. 本课程的性质与内容，明确学习的目的与任务
2. 供热工程在国内、外的发展概况与发展方向
3. 本课程的特点及学习要求
(二) 集中供热系统的热负荷
1. 供热系统热负荷的概算和特征
2. 热负荷延续图绘制及年耗热量的确定
(三) 集中供热系统
1. 热水和蒸汽供热系统的形式和特点
2. 集中供热系统热源形式和管网形式
(四) 热水供热系统的水力计算
1. 热水管网水力计算方法及其应用
2. 热水管网的水压图
3. 热水管网的定压方
(五) 热水供热系统的水力工况分析
1. 热水管网水力工况的计算方法

2. 热水管网水力工况的分析方法
3. 热水管网的水力稳定性问题
（六）蒸汽供热系统
1. 蒸汽供热系统的形式及特点
2. 蒸汽管网水力计算方法及其应用
3. 凝水管网水力计算方法和水力工况分析
（七）室外管网系统的设计
1. 供热管网的敷设方式和构造
2. 供热管道及其附件
3. 供热管道保温及其热力计算
4. 供热管道的应力计算
5. 管道支座的跨距确定、热伸长及其补偿
6. 直埋管道的设计方法
（八）集中供热系统的热源及其主要设备
1. 集中供热系统的热源形式及其特点
2. 集中供热系统的主要设备
（九）集中供热系统的运行调节与量化管理
1. 集中供热系统供热调节方法
2. 集中供热系统监测与控制方法
3. 集中供热系统运行管理办法
（十）热电冷三联供系统
1. 热电冷三联供系统的现状及发展
2. 热电冷三联供系统的形式及特点
3. 三联供系统的设计及应用
（十一）集中供热系统的经济技术分析
1. 集中供热系统的经济效果指标计算和评价方法
2. 供热管网经济比摩阻的确定方法
3. 不同供热方式的经济技术比较

四、实验内容

(1) 热网水力工况实验。
(2) 集中供热系统运行管理测试。
(3) 现场参观、调试。

五、前修课程内容

工程热力学、传热学、流体力学、建筑环境学、热质交换原理与设备。

六、课程参考学时

课程总学时:32 学时,其中实验学时为 4 学时。

2. 锅炉与锅炉房工艺

一、课程性质与目的

锅炉与锅炉房工艺是建筑环境与设备工程专业的一门主要专业课程。通过本课程教学使学生具备锅炉与锅炉房工艺的基本知识,能够合理选择锅炉及锅炉房设备,以及进行锅炉房工艺设计。

二、课程基本要求

(1) 了解各种供热锅炉的类型与特点。
(2) 了解锅炉燃料特性,掌握燃料燃烧计算方法。
(3) 了解锅炉燃烧设备。
(4) 掌握锅炉房燃料供应系统。
(5) 了解锅炉通风原理,掌握规律通风排烟系统计算。
(6) 掌握锅炉房汽水系统。
(7) 熟悉锅炉房工艺设计。

三、课程教学基本内容

(一) 概述
1. 锅炉工作原理及其构造
2. 供热锅炉特点与类型
3. 锅炉房设备和工艺
(二) 锅炉燃烧系统
1. 锅炉燃料及其特性
锅炉燃料,固体燃料、液体燃料、气体燃料及其特性。
2. 燃料燃烧计算
燃料燃烧计算方法;
固体燃料、液体燃料、气体燃料燃烧空气需要量与烟气生成量的计算。
3. 锅炉燃烧设备
燃煤锅炉燃烧设备;
燃油燃气锅炉燃烧设备;
电锅炉加热设备。
(三) 锅炉房燃料供应系统
1. 燃煤锅炉房燃料供应和除渣系统
2. 燃油锅炉房燃料供应系统

耗油量计算，燃油供应系统，燃油供应系统主要设备设施的选择与布置。

3. 燃气锅炉房燃料供应系统

耗气量计算，燃气供应系统，燃气供应系统主要设备设施的选择与布置。

4. 电锅炉房的供电系统

5. 实例分析

（四）锅炉房通风排烟系统

1. 锅炉通风方式

2. 锅炉房风烟系统

锅炉送风系统，锅炉排烟系统，锅炉自然通风及烟囱；

锅炉房风烟系统阻力计算。

3. 烟气脱硫技术

4. 风机选择计算及其布置

（五）锅炉房汽水系统

1. 锅炉给水处理

锅炉给水的杂质及水质指标，锅炉给水处理原理及设备，锅炉给水的除碱和除气。

2. 锅炉房水处理系统

3. 锅炉房排污系统

4. 锅炉房汽水系统

给水系统，凝结水系统，蒸汽系统。

5. 热力系统图

（六）锅炉房热工检测及自动控制系统

1. 锅炉安全附件

2. 燃煤锅炉房热工检测及自动控制系统

3. 燃油燃气锅炉房热工检测及自动控制系统

系统构成，主要设备，系统设计（基本方法和程序）。

4. 电锅炉房热工检测及自动控制系统

（七）锅炉房工艺设计

1. 设计资料调查收集方法

2. 锅炉房在总图上的位置

一般原则，高层建筑物内燃油燃气锅炉房的布置，高层建筑区燃油燃气锅炉房的布置。

3. 负荷计算及炉型选择

锅炉台数的确定，锅炉房工艺设计。

（八）锅炉房工程技术经济分析方法

1. 锅炉房工程技术经济分析方法

2. 锅炉房工程概算文件构成

3. 锅炉房工程概算的编制方法

4. 锅炉房工程概算编制实例

（九）锅炉房工程施工及验收

锅炉房设备安装，锅炉房工程的验收。

（十）锅炉房运行管理

锅炉热平衡；

锅炉燃烧设备的运行特性及调整。

四、实验内容

(1) 燃料发热量测定。

(2) 煤的工业分析。

(3) 烟气分析。

五、前修课程内容

工程热力学、传热学、流体力学。

六、课程参考学时

课程总学时:32 学时,其中实验学时为 4 学时。

3. 空调用制冷技术

一、课程性质与目的

本课程是建筑环境与设备工程专业选修的一门主要的专业课。本课程的教学目的是使学生在热力学、传热学的基础上进一步掌握分析单级制冷循环的基本原理和方法，了解主要组成设备、部件的结构和性能，掌握系统组成和工作特性，为设计或选用空调用制冷系统奠定基础。

二、课程基本要求

(1) 掌握对制冷剂的基本要求，能正确选用制冷剂；了解常用润滑油和载冷剂的性能。

(2) 掌握蒸气压缩式制冷循环的热力学原理，理解提高制冷循环热力效率的主要措施，能正确进行蒸气压缩式制冷理论循环的热力计算。

(3) 了解几种容积式制冷压缩机和离心式制冷压缩机的构造，掌握其工作特性。

(4) 了解常用冷凝器、蒸发器的构造，掌握空冷式冷凝器和直接蒸发式空气冷却器的设计计算，能正确选用各种形式的冷凝器和蒸发器。

(5) 掌握毛细管、热力膨胀阀的工作原理，并能正确选用；了解几种常用辅助设备的工作原理和用途。

(6) 掌握单级、双级和复叠式蒸气压缩制冷系统的组成和制冷剂管路计算；能正确选用热泵式制冷机组；能正确选用冷却塔。

(7) 掌握蒸气压缩式制冷系统的工作特性，理解制冷装置的控制内容，能初步进行蒸气压缩式制冷系统的故障分析。

(8) 理解二元溶液的特性，掌握溴化锂吸收式制冷的工作原理，了解蒸汽和直燃式双效溴化锂吸收式制冷装置的组成和性能，并能正确选用。

三、课程教学基本内容

(一) 蒸气压缩式制冷的热力学原理

理想制冷循环——逆卡诺循环和劳伦茨循环；

单级蒸气压缩式制冷理论循环及其改善措施；

蒸气压缩式制冷理论循环的热力计算；

蒸气压缩式制冷实际循环。

(二) 制冷剂和载冷剂

制冷剂的种类与常用制冷剂的性能；

制冷用润滑油；

几种常用载冷剂的性能。

（三）制冷压缩机

活塞、滚动转子、涡旋和螺杆等容积式制冷压缩机工作原理及其工作特性；

离心式制冷压缩机工作特性。

（四）制冷换热器

冷凝器的种类、基本构造和工作原理；

冷凝器的选择计算，空冷冷凝器的设计计算；

蒸发器的种类、基本构造和工作原理；

蒸发器的选择计算，直接蒸发式空气冷却器的设计计算；

（五）节流机构和辅助设备

几种节流机构；

热力膨胀阀调节特性，毛细管的工作原理；

制冷系统这润滑油分离、气液分离和安全保护等辅助设备的工作原理。

（六）蒸气压缩式制冷系统

蒸气压缩式制冷系统的典型流程；

制冷剂管路设计；

冷却水系统；

空气源与水源热泵机组。

（七）蒸气压缩式制冷装置的运行调节

蒸气压缩式制冷系统的工作特性；

蒸气压缩式制冷装置的自动控制；

制冷系统的故障分析。

*（八）溴化锂吸收式制冷

二元溶液特性；

单效溴化锂吸收式制冷；

双效溴化锂吸收式制冷；

直燃式溴化锂吸收式冷热水机组。

四、实验内容

单级蒸气压缩式制冷工作特性实验。

五、前修课程内容

热力学、传热学。

六、课程参考学时

课程总学时：32学时，其中实验学时为4学时。

4. 燃 气 供 应

一、课程性质与目的

本课程适用于建筑环境与设备工程及燃气工程、油气储运等专业，是建筑环境与设备工程专业的主干专业课程。通过课堂教学等环节，使学生系统掌握燃气供应的基本知识、城市燃气管网水力计算方法，了解各种常用设备的工作原理及设备选择依据，培养学生在城镇燃气供应系统规划设计及运行管理等方面的能力和从事燃气工程施工、管理的基本技能。

二、教学基本要求

(1) 了解燃气气源的分类、掌握燃气基本性质。

(2) 了解燃气使用规律，掌握供需平衡方法。

(3) 了解燃气输配系统的构成，燃气管网系统的分类，掌握燃气管道及附属设备的布置；了解燃气供应系统的微机监控与维护管理。

(4) 掌握管网水力计算方法及其计算图表的应用、管网设计计算，了解管网可靠性分析原理。

(5) 了解储配站(门站)工艺及设备、设施的性能与选择。

(6) 了解液化石油气供应系统。

(7) 掌握燃气燃烧的基本理论。

(8) 了解燃气燃烧设备的分类及选用方法。

三、课程教学基本内容

(一) 绪论

能源与燃气；

国家能源现状及政策，我国燃气事业的现状与发展形势。

(二) 燃气的分类及性质

燃气的种类及特点、燃气(混合气)基本性质的计算方法、城市燃气的质量要求及气源选择依据等。

(三) 燃气气源概论

介绍天然气的开采与加工工艺，液化石油气的来源，人工燃气的生产与净化方法等。

(四) 燃气供应与需求

燃气用户类型及用气量特点，各类用户年用气量计算、使用工况分析及燃气小时计算流量的确定，调峰方法等。

(五) 燃气输配系统

燃气输配系统的构成及分类，燃气管道材料、附属设备的性能及选择，防腐方法，城镇燃气管网的选择与布线，燃气供应系统的微机监控与管理，管网维护与修复技术，管网气源置换等。

（六）燃气管网水力计算及工况分析

城市燃气管网水力计算基本公式及图表，室内燃气管道的设计、计算，管网的设计、计算及微机应用，高中低压管网水力可靠性分析与优化方法。

（七）城镇燃气门站及储配站

门站及储配站的构成及功能，燃气的储存设施，燃气压力调节与计量设备、压送设备的性能与选择，燃气的气质检测及加臭等。

（八）液化石油气供应

液化石油气的储运，液化石油气灌装工艺，液化石油气的供应方式等。

（九）燃气燃烧基本理论

燃气的燃烧计算，燃气燃烧过程与火焰传播，燃烧方法分类及特点，燃气燃烧污染物的控制，燃气的互换性要求等。

（十）燃烧器与燃烧应用装置

扩散式燃烧器、大气式燃烧器及无焰式燃烧器特点，新型燃气燃烧设备介绍，燃气燃烧装置的安全控制等。

四、前修课程内容

传热学、工程热力学、流体力学。

五、课程参考学时

课程总学时：32 学时。

5. 燃气燃烧与设备

一、课程性质与目的

本课程是建筑环境与设备工程专业城市燃气工程方向的一门专业课程。通过课堂教学等环节,使学生掌握有关燃气的燃烧理论、燃烧方法和燃烧器设计的基本知识,培养学生能够进行民用、工业用燃烧设备的设计、改进和运行管理的能力。

二、课程基本要求

(1) 理解燃料燃烧的概念和条件,掌握燃气燃烧的计算。
(2) 理解燃气燃烧的概念、过程和条件。
(3) 掌握燃气与空气正确混合原则。
(4) 了解火焰传播的方式,理解燃气的燃烧方法。
(5) 熟悉燃气燃烧装置的工作原理和计算。
(6) 了解燃气互换性的判定方法。

三、课程教学基本内容

(一) 燃气的燃烧计算
燃烧的概念和条件;
可燃气体燃烧所需空气量、烟气量计算;
燃烧温度及焓温图。
(二) 燃气燃烧反应动力学
燃气燃烧的链反应;
支链着火、热力着火的概念、过程和条件;
小火点火、电热丝点火和电火化点火的机理及影响因素。
(三) 燃气料燃烧的气流混合过程
相交气流、旋转射流的概念和流动规律;
燃气与空气正确混合的原则。
(四) 燃气燃烧的火焰传播
火焰传播的三种方式;
法向火焰传播速度的概念和影响因素;
火焰传播浓度极限概念和影响因素;
法向火焰传播速度的测定方法和紊流火焰传播的特点。
(五) 燃气燃烧方法
扩散式、部分预混式和完全预混式燃烧的燃烧方法;

扩散式、部分预混式和完全预混式燃烧方法的原理和特点。

（六）扩散式燃烧器的计算

燃气燃烧器的分类、特点和应用范围；

鼓风式燃烧器的计算内容和步骤。

（七）大气式燃烧器的计算

大气式燃烧器的基本组成及其特点；

大气式燃烧器头部的计算内容；

低引射器工作原理和低引射大气式燃烧器的设计计算。

（八）完全预混式燃烧器的计算

完全预混式燃烧器的组成及其要求；

火道式完全预混式燃烧器的计算内容；

负压吸气高压引射器的工作原理和计算。

（九）燃气互换性

燃气互换性、燃气具适应性、华白数的概念；

华白数、火焰特性对燃气互换性的影响；

燃气互换性判定方法。

四、实验内容

(1) 燃气发热量的测定。

(2) 火焰传播速度的测定。

(3) 大气式燃烧器燃烧稳定性的测定。

(4) 燃气热水器性能的测定。

五、前修课程内容

传热学、工程热力学、流体力学。

六、课程参考学时

课程总学时:32 学时,其中实验学时为 4 学时。

6. 城市燃气气源

一、课程性质与目的

本课程是建筑环境与设备工程专业城市燃气工程方向的一门专业课程。该课程是城市燃气工程方向的先期专业课，使学生了解国内外气源的基本情况，为学习燃气输配等专业课提供必备的专业知识，为实践选择和使用燃气气源提供理论支持。

二、课程基本要求

(1) 了解我国燃气制造工业的现状和国外新技术。

(2) 了解各种燃气制造工艺过程及设备。

(3) 掌握广泛应用的气源制造原理。

(4) 了解制气、净化工艺系统。

三、课程教学基本内容

(一) 燃气的组成与物化性质

燃气的组成与表示方法；

燃气的物化性质；

燃气的热力学性质。

(二) 煤制气

1. 制气用煤

煤的种类，工业分析与元素分析；煤的某些物理性质；

2. 干馏煤气的生产

结焦机理，炭化室内结焦过程与煤气的形成，煤的准备，焦炉的基本构造，焦炉的附属实施，炉型简介；

3. 干馏煤气的净化

冷凝鼓风工段，煤气的终冷与苯的回收，煤气中氨的脱除，煤气中硫化氢的脱除，煤的终脱萘；

4. 气化煤气的生产

气化反应动力学基础，发生炉煤气，移动床加压气化。

(三) 油制气

制气原料油，制气方法与原理，生产工艺。

(四) 其他气源

液化石油气，天然气。

四、前修课程内容

热力学、传热学、化工原理。

五、课程参考学时

课程总学时:24 学时。

7. 暖通空调工程设计方法与系统分析

一、课程性质与目的

本课程是建筑环境与设备工程专业的一门主要专业课。通过课程学习，使学生具有本专业工程设计的基本知识，培养学生着手处理较复杂工程的能力，以及获取所需资料的能力。

二、课程基本要求

(1) 掌握建筑工程的设计程序、方法。
(2) 掌握本专业工程设计的具体步骤。
(3) 了解设计中应遵守的有关法规、规范和标准。
(4) 掌握确定本专业工程系统方案和冷热源形式的方法。
(5) 掌握工程具体内容的设计分析与计算。

三、课程教学基本内容

(一) 暖通空调工程设计程序
1. 建筑工程设计程序
2. 暖通空调工程设计内容
3. 暖通空调工程设计程序
(二) 室内外空气设计参数
1. 暖通空调室内外设计计算参数
2. 室内外设计计算参数的获取
3. 设计计算参数与暖通空调系统节能
(三) 空调工程设计
1. 典型工况设计与过程设计
2. 建筑热湿工程设计
3. 暖通空调方案设计
4. 冷热源与空调设备的选择
5. 输配系统的分析与设计
6. 调节与控制
(四) 供暖和通风工程设计
1. 供暖系统设计方法
2. 工业建筑通风除尘系统的设计
(五) 公共建筑暖通空调设计要点

1. 旅馆建筑暖通空调设计要点
2. 商场暖通空调设计要点
3. 影剧院空调设计要点
4. 体育建筑空调设计要点
5. 医院的暖通空调设计

（六）建筑防排烟设计
1. 防排烟设计任务与特点
2. 建筑物的分类与防火设计
3. 防排烟设计的基本知识
4. 自然排烟
5. 机械防排烟
6. 地下汽车库的排烟设计
7. 防排烟设备与部件

四、前修课程内容

暖通空调等专业课程。

五、课程参考学时

课程总学时:32 学时。

8. 空气污染控制

一、课程性质与目的

空气污染控制技术主要讲解工业与民用建筑环境空气污染物控制的基本理论与技术，是建筑环境与设备工程专业的一门专业技术课程。通过本课程学习，使学生掌握建筑环境空气污染物控制的基本理论与技术，具有从事建筑环境空气污染控制工程的设计能力和设备运行的管理能力。

二、课程基本要求

(1) 了解建筑环境的空气污染以及空气污染物。
(2) 掌握空气污染物的迁移规律。
(3) 掌握控制建筑环境空气污染技术。
(4) 熟悉气体中颗粒物的分离技术。
(5) 了解有害气体净化技术。
(6) 了解细菌与病原体的去除技术。

三、课程教学基本内容

(一) 概述
1. 建筑环境空气污染及空气污染物
2. 建筑环境空气污染及其控制概况
3. 空气污染防治的综合技术措施
污染源控制措施，通风净化，设备运行管理。
4. 建筑环境空气质量标准与规范
(二) 空气污染物质发生量
1. 空气污染控制的主要技术参数
2. 颗粒物
3. 有害气体
4. 有害细菌、病原体、病毒
5. 余热与余湿
(三) 空气污染物的迁移规律
1. 颗粒污染物的迁移
2. 气态污染物与热湿气体的迁移
3. 菌毒类和病原体
(四) 空气污染源的控制

1. 有限空间密闭

2. 气流诱导与隔断

3. 负压排风

（五）空气质量改善的通风措施

1. 自然通风

2. 机械通风

3. 局部送风

4. 循环风

5. 诱导通风

（六）气体中颗粒物的分离技术

1. 重力沉降

2. 离心力分离

3. 过滤

4. 静电分离

5. 微粒凝聚

（七）有害气体净化

1. 吸收

2. 吸附

3. 催化转化

4. 其他

（八）细菌与病原体的去除

1. 空气离子化

2. 紫外线

3. 钠米过滤材料

4. 通风净化措施

（九）特殊建筑环境的空气污染控制

1. 医院

2. 地下汽车停车场

3. 隧道

4. 地下建筑

5. 热车间

四、实验内容

（1）环境空气中有害物浓度测定（颗粒物浓度、CO_2、CO、NO_2、O_3 等）。

（2）过滤材料性能测定。

（3）吸气罩外气流速度分布测定。

（4）显微镜菌类观察实验。

五、前修课程内容

流体力学、建筑环境学、暖通空调。

六、课程参考学时

课程总学时:32 学时,其中实验学时为 4 学时。

9. 空气洁净技术

一、课程性质与目的

空气洁净技术是建筑环境与设备工程专业的一门专业技术课。通过本课程学习，使学生初步具备洁净空调系统的设计能力。

二、课程基本要求

(1) 了解室内空气洁净度标准与控制对象。
(2) 掌握洁净室的工作原理及各种洁净室的应用。
(3) 了解洁净空调系统的形式与组成。
(4) 掌握空调房间空气平衡的原理、设计计算与室内正压控制方法。
(5) 理解洁净空调系统的设计思想，掌握设计方法与设计要点。

三、课程教学基本内容

(一) 概述
空气洁净技术的定义、分类与应用；
空气洁净技术的历史与发展。
(二) 空气洁净度标准与控制对象
空气洁净度的概念与评价标准；
空气洁净技术的控制对象。
(三) 洁净室的工作原理及其应用
控制微粒污染的主要途径；
非单向流洁净室的工作原理、送风形式及其效果；
单向流洁净室的工作原理、送风形式及其效果。
(四) 空气净化设备
空气过滤器的工作原理、分类以及在各类洁净空调系统中的设置；
吹淋室和传递窗的工作原理、分类和应用；
洁净工作台，装配式洁净室。
(五) 洁净空调系统的设计
系统新风和总风量的确定；
空调房间内正压控制的方法；
洁净室的气流组织计算；
洁净空调系统设计中的有关问题。

四、前修课程内容

流体力学、建筑环境学、暖通空调。

五、课程参考学时

课程总学时:24 学时。

10. 建 筑 给 排 水

一、课程性质与目的

建筑给排水是建筑环境与设备工程专业的一门专业技术课。通过本课程学习,使学生初步具备建筑给水与排水工程的设计能力。

二、课程基本要求

(1) 掌握建筑给水与排水工程的基本理论。
(2) 掌握建筑给水与排水工程的设计方法。

三、课程教学基本内容

(一) 建筑内部给水系统与设备
建筑内部给水系统分类与组成,给水方式,管道的布置与敷设;
水质污染及其防治;
给水设备:水泵,水箱和蓄水池,气压给水设备。
(二) 室内给水管网的水力计算
用水情况与用水定额,给水设计秒流量;
给水管网的水力计算。
(三) 建筑消防给水系统
消火栓给水系统与布置;
消火栓给水系统的水力计算;
自动喷水灭火系统与布置;
自动喷水灭火系统的水力计算。
(四) 建筑排水系统
建筑内部排水系统分类与组成,管道的布置与敷设;
污水与废水的提升和局部处理;
雨水排水系统。
(五) 建筑排水系统管道的水力计算
排水定额和设计秒流量;
排水管道的水力计算;
雨排水管道的水力计算。
(六) 建筑小区给水排水与中水
建筑小区给水排水工程;
医院污水处理方法;

建筑中水工程。

（七）建筑热水供应

热水系统的分类、组成和供水方式；

加热设备与器材；

热水系统的设计：水质、水温及热水用量标准；

加热和储存设备的计算与选择。

（八）高层建筑给水与排水工程

高层建筑给水系统；

高层建筑消防给水系统；

高层建筑排水系统；

高层建筑热水供应。

四、前修课程内容

流体力学、流体输配管网。

五、课程参考学时

课程总学时：24 学时。

11. 建 筑 电 气

一、课程性质与目的

建筑电气是建筑环境与设备工程专业的一门专业技术课。通过本课程学习,使学生初步掌握建筑电气设计的基本方法,具备进行一般建筑电气设计的能力。

二、课程基本要求

(1) 了解建筑供电与配电系统。

(2) 掌握室内外照明设计的基本知识。

(3) 了解安全用电与建筑防雷。

三、课程教学基本内容

(一) 建筑供电与配电系统

供电与配电系统的组成;

低压电气设备及其选择;

电源容量的选择与导线截面的计算。

(二) 建筑照明

照明光源与灯具;

灯具的布置与照度计算;

室内照明设计;

室外照明设计。

(三) 设备电气控制

设备供电系统及其设计。

(四) 安全用电技术

安全用电;

建筑防雷。

四、前修课程内容

电工与电子学、建筑概论。

五、课程参考学时

课程总学时:24 学时。

12. 建筑设备施工技术

一、课程性质与目的

本课程是建筑环境与设备工程专业有关施工安装的一门专业课程。施工安装是基本建设的重要组成部分，通过本课程的学习，使学生比较系统地了解本专业所涉及的主要施工安装技术和方法，增加常用工具和设备的实际知识，加强和促进理论与实践的结合。

二、课程基本要求

(1) 熟悉建筑设备工程安装常用材料。

(2) 了解供暖、给排水和燃气管道的施工安装技术与质量要求。

(3) 了解通风空调系统的安装与试运行。

(4) 掌握管道与设备的防腐保温。

三、课程教学基本内容

(一) 绪论

施工安装在国民经济中的作用和发展概况。

(二) 建筑设备工程安装常用材料

管材及其附件；

板材与型钢；

阀门与法兰；

焊接材料；

防腐与绝热材料。

(三) 钢管加工与连接

钢管调直与切断；

钢管管件的制作；

钢管的连接方法与质量要求。

(四) 室内供暖系统安装

室内供暖管道系统的安装；

散热器及附属器具的安装；

室内供暖系统试运行。

(五) 室内给排水系统安装

室内给排水管道的安装与质量要求；

室内给排水设备的安装与质量要求；

室内给排水系统的试压与验收。

（六）室内燃气系统安装
室内燃气管道的安装；
燃气表和燃气灶具的安装；
室内燃气系统的压力试验。
（七）室外热力管网安装
室外热力管道的安装；
热力管道支吊架和补偿器的安装；
热力管道试压与验收。
（八）室外给排水管网安装
室外给水管道的敷设；
室外排水管道的敷设；
室外给排水管道试压与验收。
（九）室外燃气管网安装
室外燃气管道的连接；
室外燃气管道的埋地和架空敷设；
室外燃气管道的穿越障碍物；
室外燃气管道试验与验收。
（十）通风空调系统安装
风管与配件的加工制作；
通风空调管道系统安装；
通风空调设备安装；
通风空调系统试运行。
（十一）锅炉及附属设备安装
锅炉安装用工具和设备；
锅炉安装程序、安装方法和质量要求；
锅炉安全附件的安装；
锅炉水压试验与系统试运行。
（十二）制冷系统安装
制冷系统管道与设备的安装；
制冷系统的试运行。
（十三）管道及设备的防腐与保温
管道及设备的防腐方法；
管道及设备的保温结构和施工方法。

四、前修课程内容

暖通空调、制冷技术、锅炉与锅炉房工艺

五、课程参考学时

课程总学时：32 学时。

13. 建筑设备施工经济与组织

一、课程性质与目的

本课程是建筑环境与设备工程专业必修的一门实用性较强的专业课。通过本课程的教学,使学生了解基本建设概况,学习安装工程定额的基本知识,掌握安装工程概预算编制方法、招标投标程序及方法、合同订立及管理、施工组织设计、项目控制与协调、安装企业管理等实用技术,培养社会实践与工程实践能力,为从事工程建设工作打下初步基础。

二、课程基本要求

(1) 熟悉基本建设程序、内容及其项目划分;了解基本建设费用组成内容。

(2) 理解安装工程定额;了解各种定额作用及编制依据,搞清各种定额之间的关系。

(3) 了解设计概算、施工图预算、施工预算的主要作用及内容;

理解竣工结算概念及原则;

掌握设计概算、施工预算以及竣工结算书的编制方法。

(4) 熟悉安装工程费用组成内容;

掌握安装工程的费率计取法及安装工程造价的计算程序。

(5) 熟悉施工图预算编制的程序及内容;

掌握安装工程施工图预算的编制方法。

(6) 理解招标投标的基本概念;

了解招标投标作用和方式;

熟悉招标程序与内容及招标投标的有关法规。

(7) 了解建筑设备安装合同的概念、订立、履行和管理。

(8) 了解安装工程施工组织的作用及任务,流水施工的组织方法;

掌握安装工程施工组织设计的程序及主要内容。

(9) 理解安装工程项目管理的概念、特点和基本职能;

了解安装工程项目的管理机构及组织与计划管理的内容及编制程序;

熟悉安装工程项目规划、准备、施工、监理、竣工验收程序和内容。

(10) 了解安装企业的性质、特点,领导制度,安装企业经营规划与决策;

熟悉安装企业管理各职能的功能、组织与内容。

三、课程教学基本内容

(一) 基本建设

基本建设概念、作用及意义;

基本建设程序及内容;

基本建设项目划分；

基本建设费用组成内容。

（二）建筑设备安装工程定额

安装工程定额的概念及性质、种类、作用、制定原则；

安装工程施工定额概念及作用；

安装工程预算定额作用及编制依据；

安装工程概算定额与概算指标的概念及作用。

（三）建筑设备安装工程预算

设计概算的主要作用、内容以及设计概算编制估算指标；

施工图预算的主要作用及内容介绍；

施工预算的主要作用、内容及施工预算编制程序；

竣工结算概念、原则及结算方式，经济签证范围及办法，竣工结算书的编制。

（四）建筑设备安装工程费用

安装工程费用组成（直接工程费、间接工程费、计划利润、税金）；

安装工程的费率；

安装工程造价的计算内容，安装工程造价的计算程序表。

（五）建筑设备安装工程施工图预算编制

施工图预算编制的依据；

施工图预算编制的程序及内容；

采暖、给排水、燃气、工业管道及通风空调等安装工程施工图预算的编制方法。

（六）建筑设备安装工程招标与投标

招标投标的基本概念及作用，招标投标方式；

招标投标的有关法规。

（七）建筑设备安装工程合同

合同的基本概念，合同的分类及特点；

合同的订立、履行及管理；

合同的变更、解除及合同纠纷处理与索赔；

安装工程合同的内容，安装工程合同示范文本；

安装工程合同的有关法规。

（八）建筑设备安装工程施工组织

安装工程施工组织的作用、任务和内容；

流水施工的原理、概念和组织方法；

横道图与网络图计划的原理、绘制与优化；

安装工程施工组织设计（工程概况的编制、施工方案的选择、施工进度计划的编制、经济技术指标、施工平面图、质量保证与安全控制措施等）。

（九）建筑设备安装工程项目管理

安装工程项目管理的概念、特点和基本职能；

安装工程项目的管理机构和组织；

安装工程项目计划管理的内容及编制程序；

安装工程项目控制(成本控制、进度控制、质量控制)与项目协调的原理及方法;

安装工程项目的规划、准备、施工与监理、竣工验收的程序和内容。

(十) 建筑设备安装企业管理

安装企业的性质、特点;

现代企业管理理论与方法;

安装企业管理的领导制度,安装企业经营规划与决策;

安装企业管理(企业施工管理、企业科技管理、企业质量管理、劳动人事管理、财务管理、材料和机械设备管理等)的功能、组织与内容。

四、前修课程内容

建筑设备施工安装技术。

五、课程参考学时

课程总学时:32 学时。

附录

高校建筑环境与设备工程专业指导委员会规划推荐教材(建工版)

工程热力学(第五版)

著译者:廉乐明
出版时间:2007 年 1 月
标准书号:ISBN 978-7-112-08631-3

本书以《全国高等学校土建类专业本科教育培养目标和培养方案及主干课程教学基本要求——建筑环境与设备工程专业》为依据,在第四版基础上进行修订,对各章内容作了部分调整、更新和充实,并适当增加了例题和习题。

本书内容包括:基本概念、理想气体的热力过程及气体压缩、热力学第二定律、热力学微分关系式、水蒸气、湿空气、气体和蒸汽的流动、动力循环、制冷循环化学热力基础及溶液热力学基础共 13 章。本书一律采用国际单位制。

本书可作为建筑环境与设备工程专业以及非动力类工程专业的教学用书,也可供有关工程技术人员参考。

传热学(第四版)

著译者:章熙民等
出版时间:2001 年 12 月
标准书号:ISBN 7-112-04636-X

本书是在第三版的基础上,按照建筑环境与设备工程专业对“传热学”教学的基本要求编著的。全书除绪论外共分十一章:导热理论基础;稳态导热;非稳态导热;导热问题数值解法基础;对流换热分析;单相流体对流换热及准则关联式;凝结与沸腾换热;热辐射概述;辐射换热计算;传热和换热器;质交换。本次修订,对全书的一些重要概念和计算按认识规律进行了深入的探讨,使其内容更精益求精;并在紧密联系建筑环境与设备工程专业实际的同时,也适当扩大了新的知识面。

流体力学

著译者：龙天渝　蔡增基
出版时间：2004 年 5 月
标准书号：ISBN 7-112-06157-1

本书是为全国普通高等学校建筑环境与设备工程专业流体力学课程(80～100 学时)编写的教材，是普通高等教育土建学科专业“十五”规划教材。全书包括流体静力学，一元流体动力学，理想和黏性流体动力学，管流阻力，孔口和管路计算的基本理论，气体射流，相似性原理和因次分析等内容。每章均附有习题，书末有部分习题答案。本书由浅入深，通俗易懂，注意加强基础理论和能力的培养，力求体系完整，思路清晰，物理概念明确，物理意义透彻。

本书不仅可作为建筑环境与设备工程专业本科生教材，而且还可以作为土木、环境、动力等有关专业本科生的教材或教学参考书。

建筑环境学(第二版)

著译者：朱颖心等
出版时间：2005 年 07 月
标准书号：ISBN 7-112-06159-8

“建筑环境学”是高等学校建筑环境与设备工程专业的基础课。本教材在介绍了建筑外环境、室内热湿环境、空气质量环境、空气流动、声、光环境的同时，还从人的生理和心理角度出发，分析介绍了人的健康舒适要求与室内、外环境质量的关系，为创造适宜的建筑室内环境与室外微环境提供了理论依据。本教材由 8 大部分组成：建筑外环境、建筑热湿环境、人体对建筑热湿环境的反应、室内空气品质、通风与气流组织、建筑声环境、建筑光环境、典型工艺过程对室内环境的要求。每部分均相对独立，各章都提供了思考题、符号说明、主要术语中英对照和参考文献。

本书除可作为建筑环境与设备工程专业的教材外，还可供土建类其他专业的师生参考。

热质交换原理与设备(第二版)

著译者：连之伟等
出版时间：2006 年 04 月
标准书号：ISBN 7-112-08054-1

本书为普通高等教育土建学科专业“十五”规划教材，也是高校建筑环境与设备工程专业指导委员会规划推荐教材。

在总结本书第一版使用情况的基础上，并考虑到四年多来本学科的发展，本版教材在体系、内容的更新与充实等方面都进行了很好的修订和改进。本书共 5 章，主要内容包括：绪论、热质交换过程、固液相变热质交换原理和应用、空气热质处理方法、热质交换设备等。每章后面还增加了思考题与习题，以便于学生更好的学习与理解。

本书除可作为高校建筑环境与设备工程专业的教材外，还可供相关专业的工程技术人员参考。

流体输配管网(第二版)

著译者：付祥钊

出版时间：2005 年 07 月

标准书号：ISBN 7-112-07183-6

本书是建筑环境与设备工程专业指导委员会推荐教材，也是普通高等教育“十五”国家级规划教材。本书系统地阐述了通风空调、采暖供热、城市燃气、建筑给水排水、工厂动力和消防工程等所采用的各种流体输配管网的基本原理和工程计算分析方法。本书在修订过程中总结了编者和各高校使用第一版的教学经验和教学研究成果，并紧跟科技和工程实践的进展，充实了内容，完善了体系，进一步提炼了各种流体输配管网的共性原理和工程分析方法，加强了管网的动力源匹配与调节方面的内容。全书共分 8 章，各章内容为：第 1 章流体输配管网形式与装置；第 2 章至第 4 章气、液、多相流管网水力特征与水力计算；第 5 章泵与风机的理论基础；第 6 章泵、风机与管网的匹配；第 7 章枝状管网的水力工况分析与调节；第 8 章环状管网的水力计算与水力工况分析。书后还附有供教学用的环状管网水力计算与水力工况分析软件。

暖通空调

著译者：陆亚俊等

出版时间：2002 年 6 月

标准书号：ISBN 7-112-04850-8

本书为高等院校建筑环境与设备工程专业“暖通空调”课程的教材。书中详细阐述了冷、热负荷计算，各类采暖和空调系统、工业与民用建筑通风系统、建筑防排烟系统的工作原理和设计方法；介绍了相关设备的结构与特点、系统运行调节方法和自动控制基本原理；并介绍了一些特殊环境的控制技术和建筑节能基本概念。本书也充分反映了近年来暖通空调领域的新进展与新技术。

建筑环境测试技术

著译者：方修睦等

出版时间：2002 年 7 月

标准书号：ISBN 7-112-04851-6

本书包括建筑环境与设备工程专业经常遇到的温度、压力、湿度、流速、流量、液位、气体成分、环境噪声、环境中放射性等参量的基本测量方法、测试仪表的原理及应用，同时介绍了测量的基本知识、误差分析及智能仪表与自动测试系统。全书共分十三章。本书系统性强，取材新，内容适用，便于教学选用。

本书可作为建筑环境与设备工程专业教材，也可供从事环境监测、供热通风空调、建筑给水排水、燃气供应等公共设施系统设计、制造、安装和运行人员参考。

燃气输配(第三版)

著译者:段常贵

出版时间:2001 年 12 月

标准书号:ISBN 7-112-04640-8

本书内容包括:燃气的分类及其性质;城市燃气需用量及供需平衡;燃气的长距离输送系统;城市燃气管网系统;燃气管道及其附属设备;燃气管网的水力计算;燃气管网的水力工况;燃气管网的技术经济计算;燃气的压力调节及计量;燃气的压送;燃气的储存;液化石油气储配站;液化石油气的管道供应等。

本书可供高校相关专业师生，从事城市和工业企业燃气输配的设计、科研及运行管理的工程技术人员。

高校建筑环境与设备工程专业指导委员会
规划推荐教材

征订号	书　名	作　者	定价(元)	备　注
12174	全国高等学校土建类专业本科教育培养目标和培养方案及主干课程教学基本要求——建筑环境与设备工程专业	高等学校土建学科教学指导委员会建筑环境与设备工程专业指导委员会	17.00	
15295	工程热力学(第五版)(2007.1)	廉乐明等	28.00	国家级“十一五”规划教材
10086	传热学(第四版)	章熙民等	28.5	
12170	流体力学	龙天渝等	26.00	土建学科“十五”规划教材
12172	建筑环境学(第二版)	朱颖心等	29.00	国家级“十五”规划教材
13137	流体输配管网(第二版)(含光盘)	付祥钊等	39.00	国家级“十五”规划教材
14008	热质交换原理与设备(第二版)	连之伟等	25.00	土建学科“十五”规划教材
10330	建筑环境测试技术	方修睦等	27.40	
10329	暖通空调	陆亚俊等	38.00	
10090	燃气输配(第三版)	段常贵等	24.30	
12171	空气调节用制冷技术(第三版)	彦启森等	20.00	土建学科“十五”规划教材
12168	供热工程	李德英等	27.00	土建学科“十五”规划教材
14009	人工环境学	李先庭等	25.00	土建学科“十五”规划教材
12173	暖通空调工程设计方法与系统分析	杨昌智等	18.00	土建学科“十五”规划教材
12169	燃气供应	詹淑慧等	22.00	土建学科“十五”规划教材
11083	建筑设备安装工程经济与管理	王智伟等	25.00	
15543	建筑设备自动化(2007.6出版)	江　亿等		国家级“十一五”规划教材